# 地下空间开发利用潜力评价方法与实践

## ——以海口江东新区为例

阮　明　杨永鹏　符尤隆　薛桂澄
周万丽　梁昌智　王晓林　文　健　著

地质出版社
·北　京·

## 内 容 简 介

本书在总结地下空间开发利用潜力评价指标和方法的基础上，结合海口江东新区的地质环境条件以及人口和社会经济发展规划，综合采用BP人工神经网络、多目标线性加权以及排除法等多种方法，分别从地质适宜性、开发利用价值、资源（数）量3个角度，对浅层（0~15m）、次浅层（15~30m）、次深层（30~60m）、深层（60~100m）地下空间开发利用潜力进行了系统评价，提出了地下空间分层开发利用的对策，可为海南城市地下空间评价提供方法参考。

本书可供相关研究人员及管理人员参考。

**图书在版编目（CIP）数据**

地下空间开发利用潜力评价方法与实践：以海口江东新区为例／阮明等著. —北京：地质出版社，2023. 10

ISBN 978-7-116-13841-4

Ⅰ. ①地… Ⅱ. ①阮… Ⅲ. ①城市空间-地下建筑物-开发-评价-海口②城市空间-地下建筑物-综合-评价-海口Ⅳ. ①TU984. 266. 1

中国国家版本馆CIP数据核字（2023）第189716号

DIXIA KONGJIAN KAIFA LIYONG QIANLI PINGJIA FANGFA YU SHIJIAN：
YI HAIKOU JIANGDONG XINQU WEILI

**责任编辑**：关会梅 李 莉
**责任校对**：关风云
**出版发行**：地质出版社
**社址邮编**：北京市海淀区学院路31号，100083
**电 话**：（010）66554528（邮购部）；（010）66554629（编辑室）
**网 址**：https://www. gph. clmpg. com
**传 真**：（010）66554629
**印 刷**：海南博威印刷有限公司
**开 本**：889mm×1194mm 1/16
**印 张**：6. 25
**字 数**：200千字
**版 次**：2023年10月北京第1版
**印 次**：2023年10月海口第1次印刷
**审 图 号**：琼S（2023）274号
**定 价**：50. 00元
**书 号**：ISBN 978-7-116-13841-4

# 前　言

2018 年 6 月 3 日，海南省委、省政府决定设立海口江东新区，将其作为建设中国（海南）自由贸易试验区的集中展示区、全面深化改革开放试验区的创新区、国家生态文明试验区的展示区，未来会将其打造成为世界一流的“零碳”新城、彰显中国文化海南特色的靓丽名片、城乡一体和谐共生的中国示范区、全球领先的生态商务区。

为支撑服务海口江东新区规划建设，在省委、省政府统筹部署下，由自然资源部中国地质调查局、原海南省国土资源厅、海口市人民政府、中国地质调查局武汉地质调查中心、海南省地质局、海南省地震局等单位协同实施海口江东新区多要素城市地质调查项目。

作为海口江东新区多要素城市地质调查的重点工作之一，2018 年 8 月 1 日，海南率先启动了“海口江东新区地下空间开发利用潜力评价调查”项目（简称“项目”），该项目由海口市政府组织实施，具体承担单位为海南省地质局。

为了探索研究合适的地下空间评价体系和方法，2018 年 9 月，海南省地质调查院联合中国地质大学（武汉）开展了“海口江东新区地下空间开发利用潜力评价方法和对策”专题研究。本书是对该专题研究成果的进一步提升，在总结前人地下空间开发利用潜力评价内容、指标和模型等研究成果的基础上，结合海口江东新区的地质、水文地质、工程地质条件和主要地质环境，综合采用 Back Propagation（BP）人工神经网络模型、多目标线性加权模型以及排除法和可有效利用系数法，从地质适宜性、开发利用价值、资源量三个角度，对浅层、次浅层、次深层、深层地下空间开发利用潜力进行了系统评价，提出了地下空间分层开发利用的对策建议。

本书由阮明、杨永鹏、符尤隆等撰写，阮明、杨永鹏承担了本书第一章、第二章、第四章的编写，符尤隆、薛桂澄、周万丽、梁昌智承担了本书第三章的编写，文健、王晓林参与了部分章节补充编写以及数据分析、图件编绘等工作，最后由阮明、薛桂澄对全书进行了统稿。

地下空间利用影响因素复杂，地下空间评价目前还是一项探索性工作，加之笔者理论水平有限，书中难免存在不足之处，敬请读者批评指正。

作　者

2023 年 4 月

# 目　　录

# 第一章　地下空间利用与研究现状

1982年，联合国将地下空间列为“潜在而丰富的资源”。1991年，“城市地下利用国际会议”通过的地下空间开发《东京宣言》提出“21世纪是开发利用地下空间的世纪”。城市地下空间的合理开发利用一方面可以调节城市土地利用结构、扩充城市空间容量，另一方面也是建立现代化的城市综合交通体系以及城市防灾减灾综合空间体系的重要途径。

## 第一节　地下空间开发利用现状

国外现代地下空间的开发利用已经经历了相当长的一段时间，其地下空间的开发利用从个体到群体，功能从单一到综合，再从复杂的地下综合体到地下城，不断完善且日趋成熟。对于城市地下空间的规划利用，最具代表性的是日本、美国、瑞士以及挪威等发达国家。根据不完全统计，目前发达国家的地下空间利用率已达40%~60%。如美国纽约市地铁在世界上运营路线最长（443km），车站数量最多（504个），每天接待510万人次，每年接近20亿人次。美国纽约市的大型供水系统，完全布置在地下岩层，总方量$130\times10^4m^3$，混凝土$54\times10^4m^3$。除一条长22km，直径7.5m的输水隧道外，还有几组控制和分配用的大型地下洞室，每一级都是一项空间布置上复杂的大型岩石工程。

中国的城市地下空间利用是在20世纪60年代末特殊的国内外形势下起步的，以人民防空工程建设为主体，进入21世纪后，城市地下空间利用不论是数量和质量，都有了相当规模的发展和提高。这表明，我国的地下空间利用开始成为城市建设和改造的有机组成部分，进入了适度发展的新阶段。以上海、厦门、哈尔滨几个城市为例，我国地下空间建设正在飞速发展。目前上海的地下空间建设高速发展，地下空间规模已达$1600\times10^4m^2$，约占中心城区面积的2.7%，其中民防工程的面积为$650\times10^4m^2$，地铁、隧道等地下交通设施建筑面积为$890\times10^4m^2$。厦门地下空间利用较好的工程有翔安海底隧道、成功大道隧道、轮渡地下商业街，以及家乐福、沃尔玛、SM、乐购等大卖场和明发商业广场、火车站地下综合体等。

海口地下空间开发利用大致可分为以下两个阶段：萌芽阶段——单一功能开发利用。自20世纪90年代以来，随着海南省经济的发展，海口市中心城区的城市建设迎来了快速发展，地下空间开发利用以点状分布为主，主要集中在浅层，功能上比较单一，主要表现在配建停车、人防设备等，属于地下空间开发的萌芽阶段。形成阶段——混合功能开发利用。2010年以来，随着海南国际旅游岛建设的推进，海口市地下空间开发利用的发展势头迅猛，地下空间开发利用呈现出规模加大、功能混合的特点，海口市作为核心城市，陆续建起了数个大型的购物商圈，基本上均采用人防工程+地下商业+地下停车场的混合功能开发利用模式。2016年11月，位于海口市大英山新城中心区国兴大道的海航日月广场正式投入使用，作为海南首个现代化一站式全天候购物中心和国际化综合商业广场，其占地面积$15.54\times10^4m^2$，地下共有4层，上部两层采用下沉式设计，作为地下商业建筑，下部两层为地下停车场及人防工程使用。2015年4月，海口市成为全国首批10个地下综合管廊试点城市之一，目前已建成廊体近30km，长滨路项目（10km）已进入试运营阶段，根据《海口市地下综合管廊专项规划》，海口市至2030年将建成222.1km的地下综合管廊，管廊的底部距离地面 7~11m，截面为数十平方米，将电力、通信，燃气、供热、给水等各种工程管线集于一体，实施统一规划、统一设计、统一建设和管理，它是保障城市运行的重要基础设施和“生命线”。

总体来看，海口地下空间开发利用相比国内各大城市起步较晚，但发展势头较迅猛，从早期单一功能的开发利用，逐渐形成较普遍的混合功能的开发利用。但是从地下空间整体连通性来看，大部分为独立建设，未考虑连通性及综合性。而海口市江东新区正处于规划发展的初期，地下空间开发利用程度较低，尚处萌芽阶段，具有较大的开发利用空间。

## 第二节　地下空间开发利用潜力评价研究现状

地下空间开发利用潜力是用来度量地下空间资源在地质条件、社会经济需求等多种因素影响下的质量和数量。地下空间资源质量主要从地下空间开发地质适宜性、开发利用价值两个方面进行评价。地下空间开发地质适宜性，主要评判地下空间资源在工程地质条件、水文地质条件和不良地质问题等因素影响下的适建程度；地下空间开发利用价值，主要评判地下空间资源受区位条件、人口状况、交通状况、土地类型和基准地价等因素影响下的价值等级。地下空间资源（数）量指排除受到不良地质条件和水文地质条件、地下埋藏物、已开发利用的地下空间、建筑物基础等制约后，得到地下空间可合理开发的资源（数）量。

### 一、地下空间开发地质适宜性评价

国外对地下空间开发地质适宜性评价的研究始于 20 世纪。1982 年，美国政府部门组织编制了地下空间开发利用专项规划，明尼阿波利斯市主要为砂岩地层。同年，Sterling 等采用综合叠加的方法得到了明尼阿波利斯市可开发利用的地下空间资源的分布区域和适宜的空间利用形式。1990 年，Boivin 基于透明度叠加的方法确定了加拿大魁北克市地下空间资源的容量、分布范围，对魁北克市地下空间的开发难度进行了分级。Maurenbrecher 等（1994）依据工程地质数据库和地理编程制定的地形地质专题图分析了荷兰阿姆斯特丹隧道开发选址的适宜性，为隧道建设规划提供了参考。1996 年，Ronka 等调查了各类地下设施的使用现状及地下空间规划的现状，根据建设难度提出了岩石区地下空间开发适宜性分类的分级标准，并依此建立了适用于岩石区的地下空间适宜性评价模型。2009 年，Rienzo 等引进了基于 GIS 的 3D 地质及地下结构模型，该模型可以为地下空间开发的规划及管理提供较大的帮助。

国内对地下空间开发适宜性评价的研究起步较晚，但也做了很多工作，特别是在 20 世纪 90 年代以后，在沿海发达城市地下空间评价中建立了一些适宜性评价模型。潘丽珍等（2006）针对丘陵及山地型城市提出了依据地下空间开发难度来评定开发适宜性的资源调查与评估模型，运用层次分析法对以海滨和丘陵为特色的青岛市地下空间开发适宜性进行了分级与分区。2011 年，柳昆等提出了建设现状和地质评价相结合的综合评价模型，较为适用于中国东部沿海地区的城市地下空间资源的评价，他采用层次分析法、排除法、专家问卷调查法和层次分析法建立了地下空间开发利用适宜性分区的评价模型，并采用多目标线性加权函数法对评价结果进行了处理，得到最终的分区评价结果，同时用 ArcGIS 平台使评价结果可视化。2016 年，胡学祥等建立了地下空间地质环境适宜性评价指标体系及模糊综合评判模型，利用 ArcGIS 和 C#程序开发了基于 Fuzzy-AHP 的宁波市地下空间开发适宜性评价系统。2017 年，刘运来等基于评价标度以及群体判断矩阵的优化，建立了改进的地下空间开发利用适宜性评价模型。2014 年，夏友等运用敏感因子-综合指数评价模型对郑州市的地下空间资源开发利用适宜性进行了评价。

目前的研究基本上都是基于各自城市的地质特点来进行的。地下空间开发地质适宜性评价中各种影响因素大部分难以用数字准确定量地描述，风险因素是不确定的，不仅具有随机性，还具有模糊性，但都可以按照生活经验或能够达到明显分区效果的用语言文字灵活地表达出它们的性质以及有可能产生的影响。

## 二、地下空间开发利用价值评价

地下空间资源与其他自然资源相同，地下空间本身只具有自然状态下的潜在价值，当人类付出一定的人力、物力和财力对它进行开发之后，地下空间就被赋予了使用价值，这种价值体现在它给人类带来的综合效益上。地下空间的潜在价值更是不可估量的，著名学者童林旭（2005）通过研究，预算出在20世纪末，城市可利用的地下空间面积是整个城市面积的13倍，如果考虑容积率为50%的话，地下空间所容纳的建筑面积达到了地面空间的26倍。他通过对城市地下空间的功能分类，强调有些功能应该在可能条件下最大限度地安排在地下空间中，并且适应和发挥地下环境的特殊性，产生最大效益，体现为城市少占土地带来的直接经济效益。

Pere Piera 和 John Pasqual（1993）提出考虑工程中所使用地下土地价值的重要性。研究实例中证明了过去一直被忽视的地下土地价值变量对工程可行性评价具有决定性影响。在考虑工程中所使用地下空间的资源价值时，提出了一种计算隐含地下空间资源市场价值的实用程序，并且应用于评估。他们首次将土地价值评估中的收益还原法应用于地下空间资源价值的评估，即通过求取地下空间资源在将来所能产生的期待纯收益的折现值来评估地下空间资源价值，这为地下空间资源价值评估提供了新的思路。Pere Piera 和 John Pasqual（2005）再次对地下空间资源价值的评估进行研究，指出忽视地下空间资源价值会造成资源过度无序开发的严重后果，并且分析了造成地下空间资源价值受到忽视的五个原因。他们建议采用测算浅层地下空间资源影子价格的最优化方法评估地下空间价值，并且推算了地下空间资源影子价格公式。研究中还给出一种更实用的方法测算地下空间资源出让价格，并且列出测算步骤，为地下空间资源价值评估方法的研究提供了的示范。

一个城市发展到怎样的程度才需要建设地下空间，建设怎样的强度是适当的，这些主要由国民经济发展水平来决定，也与城市特有的自然地理因素有关。发达国家的实践证明：只有在城市经济发展到一定程度，客观上产生了开发需求，技术上又能够实现的前提下，城市地下空间的开发利用才是可行的，才有可能实现较高的开发价值。绝大部分关于城市地下空间开发利用价值的研究是定性研究，从人文社科的角度阐述开发的必要性和迫切性，并结合法律和社会条例提出了一系列解决措施。由于城市地下空间的发展同城市社会、经济、环境等多种因素相关，各种因素相互影响和限制，因此无法用简单的线性函数反映它们之间的关系。

## 三、地下空间资源（数量）评估

国内外城市地下空间资源评估的研究主要包含影响地下空间资源开发因素（评估指标体系）的研究、对地下空间资源评估所采用模型技术方法研究、地下空间资源评估内容研究三个方面。

针对影响地下空间资源开发影响因素研究。20世纪80年代，Sterling 等（1982）在对美国明尼阿波利斯市做地下空间规划时，综合考虑了岩体条件、水文地质、地形坡度、地下管线、地上和地下已有建筑等对地下空间资源开发的影响。1996年，Zhao 等提出了考虑地质、水文、环境、地理、地面发展、社会、经济和政治等因素的新加坡地下洞室工程的选址方法。1998年，Edelenbosetal 对城市地下空间进行评价时，提出将投资、内外部的安全性、对环境和居民的影响等因素列入评价指标。1992年，祝文君完成了国内尚属首例的北京旧城区浅层地下空间资源的调查与利用研究，建立了地下空间资源调查评估模型和指标体系。2005年，郭建民针对城市地下空间资源评估影响因素的多源复杂性问题，建立了一套地下空间资源潜在开发价值等级分类与分布评估的指标和参数体系，并以北京旧城区为实例进行了应用示范，这对其他城市地下空间资源评估具有一定借鉴作用。2005年，姜云等提出了基于城市地下空间开发利用容量计算的评估指标体系构建原则。2006年，潘丽珍等针对青岛沿海多山地、丘陵的自然条件，基于城市建设现状，构筑了青岛市地下空间资源评估体系。

针对地下空间资源评估模型及技术方法研究。Sanja等（2011）利用神经网络分析处理数据，提出一个可综合考虑对影响因子的协调评估方法。2007年，Rienzo等基于GIS平台，建立了意大利都灵三维地质模型，并辅助选择了市区某地块地下空间开挖方式。2009年，汪侠等基于多层次灰色评价方法对南京市鼓楼区地下空间资源开发潜力进行了评价；2008年，王永立等基于GIS-Fuzzy综合评判模型对天津市地下空间资源展开了评估。2007年，姜云等结合Grid+Voxel的基本单元体划分方法及不同类型属性信息提取的量化模型，有效地解决了地下空间资源质量评估最小近似均质体的3D剖分，该方法能精细地刻画地质体特征，有利于地下空间质量的精确表达及容量的精确计算。

针对地下空间资源评估内容研究。2009年和2010年，Bobylev对地下空间的质量、数量及地下基础设施深度、功能进行了统计分析，同时进行了数量、质量及历史利用等方面的评价，提出了将城市地下空间利用纳入城市总体规划中的建议。1998年，Ronka等提出了针对芬兰地下空间建设成本评估的方法，并与地上同类型工程的建设成本进行了比较，对不同层次的地下空间规划和许可程序提出了建议。Joan等（2005）从经济学的角度，推出地下空间暗含价格，并提出了一个评估具体城市地下空间价格的实用性程序。2012年，张晓峰等开展了地下空间的安全性评估，马积薪（1993）、顾振发（2010）、唐焱等（2011）先后开展的地下空间估价研究，丰富了地下空间资源评估的内涵。

## 第三节　典型滨海（湖）城市地下空间评价

随着城市经济的快速发展，城区规模急剧扩张，建设用地紧张，城市生存空间环境日趋恶劣，交通拥挤，水源污染等矛盾层出不穷，要解决以上诸多问题，走城市可持续发展的道路，必然需要对具有扩大城市空间容量和提高城市环境质量功能的地下空间进行大规模的开发与利用。目前，我国已有多个滨海（湖）城市对地下空间的开发利用进行了深入探索，积累了宝贵的实践经验。

### 一、宁波市地下空间地质环境适宜性评价

为了提高地下空间开发利用的质量，宁波市结合工程地质调查，以宁波市东部新城为例，采用层次分析和模糊综合评判方法对地下空间地质环境适宜性进行了评价。

宁波市地下空间的评价从开发深度的角度分为两个评价区域：I级浅层空间域，开发深度在0~15m内，为最广泛用于民用建筑与地下服务设施布置的空间域；II级中层空间域，开发深度在15~30m内，主要为轨道交通利用的空间域。其评价指标体系的选取、量化标准及权重见表1-1。

**表1-1　宁波市地下空间开发利用适宜性评价指标体系一览表**

| 主题层 | 指标层 | 等级 | | | | 主题层权重 | 指标层权重 |
|---|---|---|---|---|---|---|---|
| | | 一级 | 二级 | 三级 | 四级 | | |
| 岩土体特征 | 土质均匀性 | 均匀 | 均匀性较好 | 均匀性较差 | 不均匀 | 0.3369 | 0.550 |
| | 软土厚度/m | ≤5 | 5~10 | 10~15 | ≥15 | | 0.1818 |
| | 地层组合 | 黏性土 | 黏性土+淤泥质土 | 粉土+淤泥质土 | 砂土+淤泥质土 | | 0.1001 |

续表

| 主题层 | 指标层 | | 等级 | | | | 主题层权重 | 指标层权重 |
|---|---|---|---|---|---|---|---|---|
| | | | 一级 | 二级 | 三级 | 四级 | | |
| 水文地质 | 潜水埋深/m | 浅层 | ≥5 | 3~5 | 1~3 | ≤1 | 0.2382 | 0.0452 |
| | 承压水头标高/m | 浅层 | ≥15 | 10~15 | 5~10 | ≤5 | | 0.1001 |
| | | 中层 | ≥30 | 25~30 | 20~25 | 15~20 | | |
| | 地下水腐蚀性 | 浅层 | 无腐蚀 | 微腐蚀 | 中等腐蚀 | 强腐蚀 | | 0.0289 |
| | 含水层厚度/m | | <2 | 2~5 | 5~8 | >8 | | 0.0640 |
| 环境地质 | 粉/砂土液化 | | 不发生 | 轻微 | 中等 | 严重 | 0.2833 | 0.0976 |
| | 地面沉降 | | 轻微 | 较轻 | 较重 | 严重 | | 0.0307 |
| | 基坑突涌 | | 不发生 | 较小 | 较大 | 发生 | | 0.1550 |
| 技术经济 | 施工技术 | | 易 | 中等 | 较难 | 难 | 0.1416 | 0.0708 |
| | 开发单价 | | 低 | 中等 | 较高 | 高 | | 0.0708 |

## 二、天津市滨海新区地下空间评估体系

天津市滨海新区的地下空间评估体系包括地下空间资源（数）量评估和地下空间资源质量评估两个方面。地下空间资源质量评估由地下空间资源开发难度和潜在开发价值两个子模型组成，采用层次分析法的多因素权重指标函数法模型，开发难度和潜在开发价值两个子模型评价指标体系的选取、量化标准及权重分别见表1-2、表1-3；地下空间资源（数）量评估是依据地下空间资源开发利用的自然条件、现状条件及规划条件要素的基础数据和空间信息，按照是否可以进行合理的开发利用分为两大类，具体的分类标准见表1-4。

**表1-2 地下空间资源工程开发难度评价指标体系一览表**

| 准则层 | 指标层 | 分级标准 | | | | | 准则层权重 | 指标层权重 |
|---|---|---|---|---|---|---|---|---|
| | | 一级（优） | 二级（良） | 三级（中） | 四级(较差) | 五级（差） | | |
| 不良地质 | 基本烈度/地震动峰值加速度 | ≤Ⅵ/0.05$g$ | Ⅶ/0.10$g$ | Ⅶ/0.15$g$ | Ⅷ/0.20$g$ | ≥Ⅸ/0.25$g$ | 0.29 | 0.0464 |
| | 地面沉降 | 无 | 弱发育 | 中等发育 | 强发育 | | | 0.1218 |
| | 液化等级 | 无 | 轻微 | 中等 | 严重 | | | 0.1218 |
| 工程地质条件 | 土体的工程稳定性（土体类别） | Ⅰ区 | Ⅱ区 | Ⅲ区 | Ⅳ区 | Ⅴ区 | 0.44 | 0.44 |
| 水文地质条件 | 地下水相对水位 | 无水层 | 1~10m | 10~20m | 20~30m | ≥30m | 0.27 | 0.216 |
| | 地下水腐蚀性 | 微腐蚀 | 弱腐蚀 | 中等腐蚀 | 强腐蚀 | | | 0.054 |

**表1-3 地下空间资源潜在开发价值评价指标体系一览表**

| 准则层 | 指标层 | 分级标准 | | | | | 指标层权重 |
|---|---|---|---|---|---|---|---|
| | | 一级（优） | 二级（良） | 三级（中） | 四级（较差） | 五级（差） | |
| 区位条件 | 功能区地下空间资源需求程度 | 一级 | 二级 | 三级 | 四级 | 五级 | 0.4187 |
| 轨道交通站域 | 轨道交通站域 | 三线换乘站500m影响区 | 二线换乘站500m影响区 | 市域线站点500m影响区 | 城区线站点500m影响区 | 非轨道交通站影响区 | 0.1739 |
| 基准地价 | 基准地价 | 一级 | 二级 | 三级 | 四级 | 五级 | 0.4074 |

**表 1-4　天津市滨海新区地下空间资源量评价指标体系层次结构一览表**

| 评估体系 | 主题层 | 一级指标层 | 二级指标层 |
| --- | --- | --- | --- |
| 地下空间资源量评估 | 不可开发资源 | 已开发地下空间 | 地下建筑、市政管线、交通设施等 |
| | | 建（构）筑物基础影响范围 | 相应的影响深度及范围 |
| | 可有限开发资源 | 建（构）筑物基础影响范围以下的空间等 | 规划拆除区 |
| | 可充分开发资源 | 规划改造地区 | — |
| | | 广场、空地等开敞空间 | — |
| | | 新增建设用地 | — |

## 三、苏州市地下空间资源评估

苏州城市规划区位于长江三角洲、太湖流域腹地，区内工程地质及水文地质条件复杂，河湖密布，地下水丰富；承压含水层与软弱土层分布广泛，存在一系列制约地下空间开发的地质环境因素。

苏州市地下空间资源评估从地质条件、城市环境制约条件、社会经济条件三个方面出发，包括地下空间资源开发潜力评估和地下空间资源开发综合质量评估两个方面。地下空间资源开发综合质量评估由基于地质和环境因素的地下空间资源开发难度评估子模型、基于社会经济条件的地下空间资源开发潜在价值评估子系统组成，采用多目标线性加权函数法进行评价，各评价指标体系的选取、量化标准及权重分别见表 1-5、表 1-6。地下空间资源开发潜力评估模型是基于影响要素逐项

**表 1-5　地下空间资源开发综合质量评估指标体系量化标准**

| 类别 | 指标 | 评估标准 | | | | |
| --- | --- | --- | --- | --- | --- | --- |
| | | 1.0~0.8 | 0.8~0.6 | 0.6~0.4 | 0.4~0.2 | 0.2~0.0 |
| 地下空间资源开发难度评估 | 距离活断裂的距离 | >200 | | | | <200 |
| | 地面标高 | >5.8 | 4.8~5.8 | 3.8~4.8 | 2.8~3.8 | <2.8 |
| | 地面坡度 | <10 | 10~20 | 20~30 | 30~50 | >50 |
| | 3-1 层土厚度 | 缺失区 | 0~3 | 3~6 | 6~10 | >10 |
| | 7 层土厚度 | 缺失区 | 0~5 | 5~10 | 10~15 | >15 |
| | 9-3 层土厚度 | 缺失区 | 0~4 | 4~8 | 8~12 | >12 |
| | 10-1 层土厚度 | 缺失区 | 0~5 | 5~10 | 10~15 | >15 |
| | 建筑场地类别 | Ⅰ类 | Ⅱ类 | Ⅲ类 | | Ⅳ类 |
| | 砂土液化 | 无影响区 | | | | 影响区 |
| | 地表水域分布 | 非分布区 | | | | 分布区 |
| 地下空间资源开发难度评估 | 6-2 层与 6-3 层厚度 | 缺失区 | 0~5 | 5~10 | 10~15 | >15 |
| | 第 1 承压含水层上段涌水量 | 缺失区 | <50 | 50~150 | 150~300 | >300 |
| | 第 1 承压含水层下段涌水量 | 缺失区 | <10 | 10~100 | | >100 |
| | 第 2 承压含水层涌水量 | 缺失区 | <100 | 100~1000 | 1000~3000 | >3000 |
| | 地面沉降速率 | 稳定区 | | <5 | 5~10 | >10 |
| | 地裂缝 | 非易发区 | 低易发区 | 中易发区 | 高易发区 | 极易发区 |
| | 采空区 | 非易发区 | | | | 易发区 |
| | 岩溶 | 非易发区 | | | | 易发区 |
| | 生态空间敏感性 | 非敏感区 | 区县级 | 市级 | 省级 | 国家级 |
| | 文物保护区 | 非文物区 | | | | 文物区 |
| | 既有建筑影响 | 非建筑区 | | 低层建筑 | 中层建筑 | 高层建筑 |

续表

| 类别 | 指标 | 评估标准 | | | | |
|---|---|---|---|---|---|---|
| | | 1.0~0.8 | 0.8~0.6 | 0.6~0.4 | 0.4~0.2 | 0.2~0.0 |
| 地下空间资源开发潜在价值评估 | 区位 | 一级 | 二级 | | 三级 | 四级 |
| | 人口压力等级 | Ⅰ | Ⅱ | Ⅲ | Ⅳ | Ⅴ |
| | 交通条件 | 一级换乘站及地铁换乘站 | 普通地铁站及二级换乘站 | 一般公交换乘站及地铁沿线 | 主干道 | 其他区域 |
| | 商业基准地价 | >25885 | 14405~25885 | 6460~14405 | 3995~6460 | <3995 |
| | 住宅基准地价 | 5300~6220 | 3200~5300 | 1450~3220 | 765~1450 | <765 |
| | 城市用地类型 | 商业、金融、文化、娱乐 | 教育、科研、公共设施及一级居民区 | 广场、绿地及普通居民区 | 工业用地 | 水域、山体、农田 |
| | 城市防灾需求 | 老城区 | 园区 | 高新区 | 相城区 | 吴中区 |

**表 1-6　地下空间资源开发综合质量评估指标体系权重一览表**

| 主题层 | 准则层 | 指标层 | 浅层 | 次浅层 | 次深层 | 深层 |
|---|---|---|---|---|---|---|
| 地下空间资源开发难度 | 构造稳定性 | 距离活断裂的距离 | 0 | 0 | 0.101 | 0.153 |
| | 地形地貌 | 地面标高 | 0.0445 | 0 | 0 | 0 |
| | | 地面坡度 | 0.0445 | 0 | 0 | 0 |
| | 不良岩土层及其分布特征 | 3-1 层土厚度 | 0.0744 | 0.0402 | 0 | 0 |
| | | 7 层土厚度 | 0 | 0.1005 | 0.0711 | 0 |
| | | 9-3 层土厚度 | 0 | 0 | 0.1659 | 0.156 |
| | | 10-1 层土厚度 | 0 | 0 | 0 | 0 |
| | | 建筑场地类别 | 0.0558 | 0.0603 | 0 | 0 |
| | | 砂土液化 | 0.0558 | 0 | 0 | 0 |
| | 水文地质 | 地表水域分布 | 0.0692 | 0 | 0 | 0 |
| | | 6-2 层与 6-3 层厚度 | 0 | 0.0777 | 0 | 0.1029 |
| | | 第 1 承压含水层上段涌水量 | 0.0519 | 0.0518 | 0 | 0 |
| | | 第 1 承压含水层下段涌水量 | 0 | 0.0518 | 0 | 0.0686 |
| | | 第 2 承压含水层涌水量 | 0 | 0 | 0 | 0.1715 |
| 地下空间资源开发难度 | 地质灾害 | 地面沉降速率 | 0.0193 | 0.0192 | 0.0206 | 0.0234 |
| | | 地裂缝 | 0.0193 | 0.0192 | 0.0206 | 0.0234 |
| | | 采空区 | 0.0772 | 0.0768 | 0.0824 | 0.0936 |
| | | 岩溶 | 0.0772 | 0.0768 | 0.0824 | 0.0936 |
| | 生态敏感性 | 生态空间敏感性 | 0.092 | 0.089 | 0.111 | 0.114 |
| | 文物保护区 | 文物保护区 | 0.101 | 0.103 | 0 | 0 |
| | 既有建筑 | 既有建筑影响 | 0.166 | 0.156 | 0 | 0 |
| 地下空间资源潜在价值 | | 区位 | 0.222 | | | |
| | | 人口压力等级 | 0.144 | | | |
| | | 交通条件 | 0.218 | | | |
| | | 商业基准地价 | 0.110 | | | |
| | | 住宅基准地价 | 0.110 | | | |
| | | 城市用地类型 | 0.114 | | | |
| | | 城市防灾需求 | 0.083 | | | |

排除法建立的，在不同深度上对地下空间资源的可开发程度分别划分为可充分开发区、不可充分开发区、难以（慎重）开发区，并在此基础上分析各用地类型下地下空间开发模型，取得可供开发的地下空间资源蕴藏量，具体划分方法见表1-7、表1-8。

**表1-7 地下空间资源开发利用潜力评估划分标准**

| 可开发程度 | 组成 |
| --- | --- |
| 难以开发 | 岩溶分布区、采空区、地裂缝（极易发区与高易发区）、文物保护区、生态保护区 |
| 不可充分开发 | 绿地广场、水体、山体、地面建筑、道路及立交桥、已开发地下空间 |
| 可充分开发 | 农田、新增规划建设区 |

**表1-8 各用地类型下城市地下空间资源量计算方法**

| 用地类型 | 容量计算方式 |
| --- | --- |
| 城市建筑物 | 根据建筑类型低层、中层、高层分别扣除6m、15m、30m的深度 |
| 城市绿地 | 扣除植被保护层3m |
| 城市水体 | 扣除10m |
| 城市山体 | 扣除3m保护层 |
| 城市道路与广场 | 扣除5m的覆盖层 |
| 郊外农田 | 扣除3m的覆盖层 |
| 地下文物 | 扣除10m |
| 地质灾害区 | 扣除岩溶、采空易发区，以及地裂缝高易发区、极易发区和地面沉降速率大于10mm/a的全部深度 |
| 新增建设用地区 | 全部计算 |
| 已开发地下空间 | 扣除15m |

# 第二章　地下空间开发利用潜力评价方法

地下空间开发利用潜力评价主要内容包括地下空间开发地质适宜性评价、开发利用价值评价和资源量评价。本章针对以上评价常见评价指标和评价模型进行了梳理与总结。

## 第一节　评价指标体系

### 一、地下空间开发地质适宜性评价

地下空间开发地质适宜性评价指标选取，目前常用的做法是首先梳理研究区地下空间开发的主要影响因素，然后根据各因素所属类别或专业划分一级指标、二级指标（表 2-1），各类主要评价指标分述如下。

**表 2-1　地下空间地质适宜性评价常见指标**

| 一级指标 | 二级指标 |
|---|---|
| 地形地貌 | 地貌类型、地形坡度、地面高程 |
| 工程地质条件 | 岩性组合或结构类型、地基承载力、土质均匀性、基岩埋深、基岩风化程度、基岩风化厚度、岩体强度、支护结构类型、土体埋藏条件、土体物理性质、岩土分布及特性、土体压缩模量 |
| 水文地质条件 | 地下水或潜水位埋深、含水层富水性、含水层或含水砂层厚度、地下水腐蚀性、地表水影响、土体渗透性、承压水顶板埋深、承压水头、地下水类型、含水层特征、水文地质参数、含水层底板埋深 |
| 地质环境问题（不良地质与地质灾害） | 砂土液化、岩溶塌陷、软土层厚度、活动断裂、地面沉降、膨胀土、浅层气、古河道、断层破碎带、滑坡与崩塌、地震风险等级、地质灾害发育程度、人工填土厚度 |
| 地质构造（活动断裂）与地震效应 | 场地类别、活动断裂、砂土液化、地震震级、地震烈度、峰值加速度、断层活动速率、地壳升降速度、发震周期 |

#### （一）工程地质条件因素

**1. 地基承载力**

地基承载力越大，地下空间开发利用的支护措施就相对简单，地下结构就相对稳定。一般结合原位试验、土工试验数据和地区经验综合确定各土层的承载力特征值、容许值。其中原位试验确定承载力特征值主要依据《建筑地基检测技术规范》（JGJ 340—2015），承载力容许值主要根据土工试验数据，参照《公路桥涵地基与基础设计规范》（JTGD 63—2015）查表得到。

**2. 土质均匀性**

土质越均匀，地下空间开发的难度相对就越低，特别是对于采用盾构法建设隧道情形，宜在同一土层中进行，故地下空间在同一土层或压缩模量接近的相邻土层中开发就更理想。换言之，土质越均匀，对地下空间的开发利用越有利，反之越不利。地下空间评价主要考虑岩土体的压缩模量在空间上的差异性，设相邻两钻孔压缩土层模量按厚度的加权平均值（MPa）之大者为 $Es_1$，小者为 $Es_2$，$\alpha$ 为两者之差，$\xi$ 为两者之和。

$Es_1$ 与 $Es_2$ 的平均值小于 10MPa：当 $0\leqslant\alpha<0.04\xi$ 时，土质均匀；当 $0.04\xi\leqslant\alpha<0.075\xi$ 时，土质较均匀；$0.075\xi\leqslant\alpha<0.1\xi$ 时，土质较不均匀；当 $0.1\xi\leqslant\alpha$ 时，土质不均匀。

$Es_1$ 与 $Es_2$ 的平均值大于等于 10MPa：当 $0\leqslant\alpha<0.05\xi$ 时，土质均匀；当 $0.05\xi\leqslant\alpha<0.075\xi$ 时，土质较均匀；当 $0.075\xi\leqslant\alpha<0.1\xi$ 时，土质较不均匀；当 $0.1\xi\leqslant\alpha$ 时，土质不均匀。

**3. 岩体质量**

岩体质量是岩体饱和单轴抗压强度与岩体完整程度的线性组合，是综合反映地下空间岩体强度、完整程度的计算型指标。固结程度差的断裂破碎带，岩体质量差，地下工程施工时易发生塌方，对施工人员及设备危害大。

**4. 设计基本地震加速度、场地类别**

设计基本地震加速度、场地类别表征建筑所在地区遭受地震影响的两项指标，主要影响建筑抗震投入的建设成本。场地类别依据土层等效剪切波速、场地覆盖层厚度进行划分，前者是从波传输效应的角度反映岩土强度的指标，场地类别是综合表征场地土层厚度、土层强度（或承载能力）的指标。

**5. 可塑—硬塑状黏土层厚**

可塑—硬塑状黏土层厚是地下空间开发的有利层位，主要影响地下空间开发成本。

### （二）水文地质条件因素

**1. 单井涌水量**

地下水是诱发地下空间施工安全事故最多的因素之一，施工期间对含水层富水性预判不准或防渗措施不利，极易引发突涌水、涌砂等事故，对施工人员和设备安全危害极大。含水层富水性是决定该类事故危害大小的最直接因素，一般以单井涌水量（统一降深、统一管径）作为分级标准，单井涌水量越大，含水层越富水，涌水事故造成的危害就越大。

**2. 含水层厚度**

含水层厚度对地下工程开发影响主要有两个方面：一是对基坑开挖坑壁稳定性的影响，含水层厚度大小直接或间接地反映了其富水性，在开挖该土层基坑时，由于地下水压作用，易发生喷涌、流砂现象，造成水土流失及土层变形，影响坑壁稳定性；二是对盾构施工影响较大，砂性土层内摩擦角大，渣土流动性差，排土困难，使砂层盾构施工控制难度增大，易造成盾构施工的实际曲线偏离设计方向。

**3. 潜水位埋深**

潜水对地下空间开发利用的影响主要表现为如下两种方式：一是在地下工程施工（基坑开挖）过程中因局部改变地下水流场，可能产生渗流潜蚀突涌和管涌，影响地下工程围护结构和导致周边环境突发危险性的安全事故；二是地下水对地下结构会产生巨大的托浮作用，如防水措施或抗浮措施不力，可能引发结构破坏，影响其安全运营。在地下水潜埋区开发地下空间，会显著增加防水、截水成本，一定程度上会增加地下水相关灾害的风险。

**4. 承压含水层顶板埋深**

承压含水层顶板埋深指承压水顶面到地面的距离。在进行地面（地下）工程建设时，若承压含水层顶板埋深相对较浅，则承压含水层在工程施工时易被揭露。

**5. 防底板突水预留安全厚度**

底板突水是地下工程建设中频发且极易造成重大人员伤亡的事故之一，主要受承压含水层富水性、水压影响。在控制开挖深度，保证承压含水层顶板以上具有足够厚度的岩土层时可有效防范底板突水，将该岩土层厚度定义为“防底板突水预留安全厚度”，该值越大，可安全利用的地下空间越小，开发适宜性越差

**6. 地下水腐蚀性**

腐蚀性越强，地下工程需要采取更严格的防腐设计，会增加建设成本和养护成本。可根据《岩土工程勘察规范》（GB 50021—2017）中 12.2.1~12.2.4 条及附录 G 规定进行量化。

### （三）地质环境问题及其影响因素

**1. 活动断裂避让范围**

直接危害主要表现为断裂活动产生水平和垂直位移，造成建筑拉裂破坏。根据《建筑抗震设计规范》（GB 50011—2016）中第 4.1.7 条，当场地内存在发震断裂时，应对断裂的工程影响进行评价，并应符合下列要求：

1）对符合下列规定之一的情况可忽略发震断裂错动对地面建筑的影响：抗震设防烈度小于Ⅷ度；非全新世活动断裂；抗震设防烈度为Ⅷ度和Ⅸ度时，隐伏断裂的土层覆盖厚度分别大于 60m 和 90m。

2）对不符合上述条款规定的情况应避开主断裂带。其避让距离不宜小于表 2-2 对发震断裂最小避让距离的规定。在避让距离的范围内确有需要建造分散的、低于三层的丙、丁类建筑时，应按提高一度采取抗震措施，并提高基础和上部结构的整体性，且不得跨越断层线。

国内外相关学者的研究显示，活动断裂的影响与断裂的性质、分级、覆盖层厚度等相关因素有关，如逆断层比正断层影响大、性质良好的覆盖层厚度越大影响越小。因此，应考虑活动断裂的具体性质和等级进行其影响程度的划分。

**表 2-2　发震断裂的最小避让距离**

| 烈　度 | 建筑抗震设防类别 | | | |
|---|---|---|---|---|
| | 甲 | 乙 | 丙 | 丁 |
| Ⅷ | 专门研究 | 200m | 100m | — |
| Ⅸ | 专门研究 | 400m | 200m | — |

**2. 突发性地质灾害影响范围**

在崩滑流、地面塌陷等突发性地质灾害影响范围内的建设工程易遭受危害导致人员伤亡和设施损毁的安全事故，地下空间开发适宜性差。

**3. 饱和松散粉细砂层厚度**

流砂、管涌是地下工程施工中频发的事故，对施工人员及设备危害大。饱和松散粉细砂层厚度直接决定了流砂的总量和管涌通道的大小，砂层厚度越大，造成事故的危害一般也越大。

**4. 砂土液化指数**

砂土液化是指饱水的粉土、砂土在振动作用下由于孔隙水压力上升，有效应力减小，导致土体结构突然破坏丧失承载力的现象。若场地下伏液化土层受到外界震动，砂土层会瞬间失去承载力，使地面、地下建筑遭到破坏。因此，在进行地下空间评价时，往往要考虑砂土液化的影响。标贯法是我国《建筑抗震设计规范》（GB 50011—2016）中所提出的液化判别法，依照其中第 4.3.3 条的

规定，采用标准贯入试验判别法对砂土进行液化判别。砂土液化判别及砂土液化等级划分的方法如下：

1）由标准贯入锤击数临界值进行砂土液化判别，计算公式为：

$$N_{cr} = N_0\beta[\ln(0.6d_s + 1.5) - 0.1d_w]\sqrt{3/\rho_c} \tag{2-1}$$

式中：$N_{cr}$—液化判别标准贯入锤击数临界值；$N_0$—液化判别标准贯入锤击数基准值（$N_0$ 取值 10）；$d_s$—饱和土标准贯入点深度（m）；$d_w$—地下水位（m）；$\rho_c$—黏粒含量百分率，当小于 3 或为砂土时采用 3；$\beta$—调整系数，调节系数，设计地震第一组取 0.80，第二组取 0.95，第三组取 1.05。

2）由式（2-2）计算砂土液化等级：

$$I_{lE} = \sum_{i=1}^{n}\left[1 - \frac{N_i}{N_{cri}}\right]\cdot d_i W_i \tag{2-2}$$

式中：$I_{lE}$—液化指数；$n$—在判别深度范围内每一个钻孔标准贯入试验点的总数；$N_i$、$N_{cri}$—$i$ 点标准贯入锤击数的实测值和临界值，当实测值大于临界值时应取值等于临界值；$d_i$—$i$ 点所代表的土层厚度（m）；$W_i$—$i$ 土层单位土层厚度的层位影响权函数值（$m^{-1}$），当该层中点深度不大于 5m 时采用 10，等于 20m 时采用 0，5~20m 按线性内插法取值。

根据砂土等级计算公式，将砂土液化程度按照无、轻微、中等以及严重进行分级。

**5. 软土厚度**

软土是指天然孔隙比大于或等于 1.0，且天然含水量大于液限的细粒土，包括淤泥、淤泥质土、泥炭、泥炭质土等。软土具高含水、高压缩、触变性等特点，施工期间易引发围岩（洞顶）坍塌，运行阶段易引发地基不均匀沉降、整体失稳，对人员安全、财产安全危害很大。

**6. 膨胀土厚度**

膨胀土具有吸水膨胀、失水收缩和反复胀缩变形、浸水承载力衰减、干缩裂隙发育等特性，性质极不稳定，常使建筑物产生不均匀的竖向或水平的胀缩变形，造成位移、开裂、倾斜甚至破坏。由于膨胀土的胀缩作用力极大，其对地下空间的开发利用不利。

**7. 预测年度地面沉降量**

区域性地面沉降易导致地下工程整体破坏，造成巨额财产损失。其影响程度主要受（工程建成后）沉降速率及变化趋势影响。将上年度地面沉降速率与沉降速率变化率之和定义为“预测年度地面沉降量”用以表征地面沉降对地下工程的影响程度。

**8. 有害气体浓度、有害气体储层厚度**

主要影响地下工程施工安全，如常见的地下沼气，当浓度达到 5%~15%，空气含氧量超过 12%时，遇明火易发生爆炸；当浓度超过 43%时，易导致人员呼吸困难，对施工安全危害大。有害气体对地下工程建设的影响主要因素包括气体浓度、气体储层厚度，浓度越高，危害越大；储层厚度越大，发生泄漏造成危害的可能性越高。

**9. 有毒污染体下伏防护层厚度、有毒污染物浓度**

被有毒物质污染的岩、土和地下水体，其下伏天然防护层厚度越大，污染扩散的风险越小；有毒污染物浓度越大，扩散造成的环境风险越大。

## 二、地下空间开发利用价值评价

社会经济条件要素对评价地下空间开发利用价值有重要影响，它决定城市地下空间的开发利用需求内容和强度、潜在开发价值和综合效益，并且随着城市社会经济的发展变化。社会经济条件要素的空间分布与特征，是评价地下空间开发利用潜力和需求强度等级与分布评价的重要内容，也是地下空间开发利用规划布局、管理、控制以及制定政策引导措施的主要客观依据。在对地下空间开发利用价值等级影响因素和作用原理分析的基础上，初拟评价指标体系，再通过专家问卷调查的方法对评价指标体系进行修正和完善，最终确定城市地下空间开发利用价值等级评价的指标体系框图（图 2-1）。

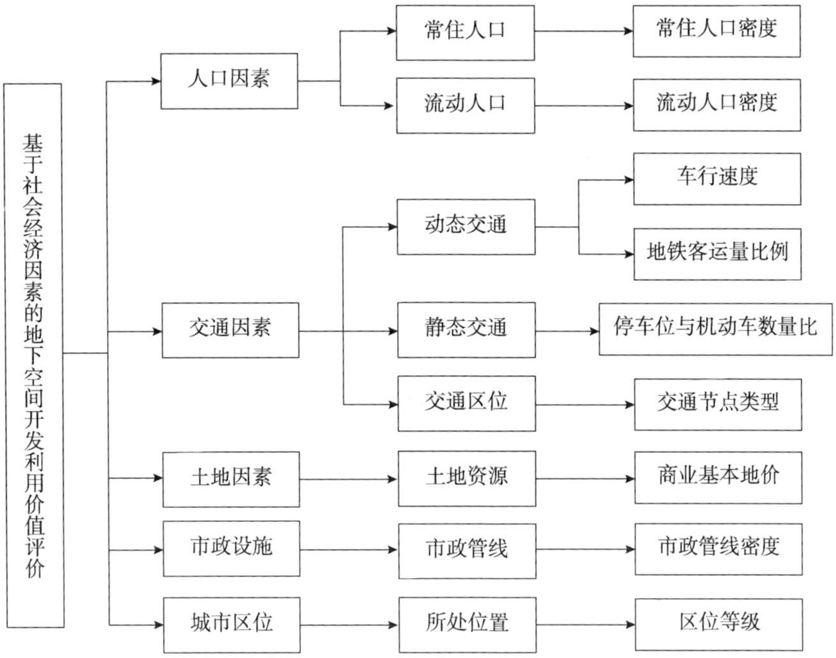


图 2-1　开发利用价值评价指标体系框图

## （一）人口因素

城市人口的组成结构、人口分布密度以及总体规模等状况对城市地下空间的需求程度以及利用的方式和效果有着深刻的影响。其中人口密度是城市空间资源紧张程度综合表现的一个指标，通常人口密度是指单位面积土地上居住的人口数，又称为人口的数学密度，其计算公式为：人口数学密度=区域内人口总数（人）/区域总土地面积（$km^2$）。

人口密度越大，越能充分体现地下空间利用的价值和效率。因此，无论从人对空间资源需求的角度还是资源利用效率的角度，在紧凑型的城市发展情境下，人口密度越大，其地下空间资源可能产生的潜在价值就越高，地下空间的需求量也就越大。

因此，当根据人口状况分析地下空间资源需求和价值关系时，需要区分与具体研究对象相关的人口指标。如，在交通枢纽地区应更注意动态人口密度，动态的人流分布、流动方向以及其他客流强度指标，对城市地下空间的总体需求影响更为直观。

## （二）城市交通因素

交通是城市功能中最活跃且关键的因素，顺畅便捷的交通系统会极大地推动城市的发展，反之拥堵和阻滞的交通会导致城市环境恶化并且制约城市发展。交通是否便捷直接关系到一个城市的运转效率。地下空间开发的主要动因便是解决城市交通矛盾，建设城市地下交通系统是城市交通未来发展的主流趋势和方向。

### 1. 动态交通

城市地下交通系统能够改善路面交通拥堵的情况，提高行车速度，从而创造时间价值，节约交通管理成本，同时减少环境污染。城市机动车设计速度可以作为衡量动态交通水平的参考标准。城市地下空间的开发可以改善地面交通混乱的状况，从而可以使车辆行驶更为畅通，节约时间成本，降低交通事故发生率，提高出行的安全，以及从一定程度上对环境有所改善等。这尤其对地上交通混乱的区域有明显的改善效果。开发地下空间可以改善公共交通出行，提高公共交通载客量，创造更大的社会经济效益。

**2. 静态交通**

城市静态停车占据了很大比例的地上空间，城市经济迅速发展的同时，人民生活水平不断提高，拥有私家车的比例也呈不断上升的趋势。静态交通不仅会占据大量的城市土地面积，减少动态交通的可用比例，无序杂乱的静态交通还会造成安全隐患的一系列社会问题，地下空间的开发无疑能够有效地解决这一问题。静态交通状况对地下空间资源开发需求强度的影响，可以用现有停车位数量与机动车拥有量的比值，以及地下停车比例进行衡量和评价，比值越低，说明静态交通空间越紧张，对地下空间资源的需求越高。

**3. 交通区位**

根据发达国家的经验，地下空间的开发往往是以地铁为主线，以地铁车站为发源点进行扩散式开发并最终形成网络。地下交通轨道的开发很大程度上提升了地下空间开发潜力，与地下交通系统结合建设便会带动大量的地下商业街、停车场、商业综合体的发展。

地铁沿线和地铁车站周围的地下空间都极具开发潜力，具体表现在：地下空间的开发很容易和周围的交通系统连成整体，从而提高地下空间的可达性和使用价值；能够有效汇集和分散人流，使已有的交通节点功能辐射区增大，具有良好的社会和经济效益。所以，交通区位是影响地下空间开发潜力的一个重要因素。

### （三）城市地价因素

**1. 土地价格与地下空间资源潜在开发价值**

土地交换的价格与土地资源的质量和紧缺程度有密切的关系，综合反映了土地资源使用价值和附加值的水平和潜力。在土地价格保持不变的前提下，地下空间资源的开发利用可以显著提高单位面积土地利用容量和土地使用价值，进而增加土地的附加值，即地价越高，地下空间开发的潜在价值越高。

地下空间资源开发所能创造的土地价值增量与节省的土地资源量和地价呈正相关关系：$V=C\times P$。式中：$V$ 为地下空间开发时产生的潜在土地价值增量；$C$ 为地下空间开发产生的土地资源当量值；$P$ 为土地价格。

当保持一定的地下空间开发土地当量时，地价越高，地下空间创造附加值的可能性就越大。因此，土地价格这一要素指标可以在一定程度上反映地下空间资源的潜在开发价值和需求。

**2. 土地等级与基准地价对地下空间潜在开发价值的影响**

作为城市地下空间资源质量评估的基本要素参数必须在一定时期内相对稳定。土地的市场交易价格随市场行情而变化，不具备稳定性的要求。为了客观评价和管理城镇土地资源，估计土地价格和价值，国家制定了城镇土地等级和基准地价标准，其参数和评价结果在一定时期内会保持不变，同时也代表了国家对城市土地质量和基本价值标准的统一性，因此适合用来衡量土地等级和地价对地下空间资源的潜在开发价值的影响。

**3. 地下空间对土地资源价值的拓展作用**

基准地价反映土地利用所能产生的经济价值和使用成本。地下空间资源的价值之一就是对城市土地资源的延伸和拓展，地下空间对土地空间的增容和集聚效应，使土地资源的单位成本投入相对降低，单位产出相对提高。有统计表明，在商业区，地下一二层的经济效益一般与地面一二层相当，比地面三层以上经济效益好。因而可以根据地价水平，预期地下空间可创造的土地资源附加价值。把基准地价定位为衡量城市内部不同地段地下空间资源对土地资源附加价值水平提高的参考因素。

**4. 基准地价要素指标与地下空间开发价值等级的相关性**

由于各个城市的基准地价有很大差异，而且就是在同一城市的不同地区，随着经济的发展基准地价也会不断调整，因此在实际的城市地下空间资源的经济价值评价中，可参考整个评价区域基准地价的最大值和最小值，把此基准地价等分为评价模型确定的若干区间，每个区间对应相应的地下空间资源潜在价值等级排序。

### （四）城市区位因素

城市土地区位包含绝对区位和相对区位两个不同的概念。绝对区位是在评价体系中起决定作用的空间区位，而相对区位则是以绝对区位为参考而形成的空间区位。

城市中的商业中心、行政中心、交通枢纽等都可以看作是绝对区位，与其联络时间越少、距离越短的土地价值越高，反之递减。土地价值的高低对地下空间开发的经济价值有直接影响，并且这些绝对区位在数量和层次上对地下空间资源有着强大需求。绝对区位等级与地下空间开发的经济效益直接相关，其周边地下空间开发价值也随距离的增加而递减。

**1. 商业中心区位**

由伯吉斯的地租理论解释中的同心圆模式可以得出，城市商业中心是地租最高的区位，这是其绝对区位的基础。在土地条件相同的假设下，以市中心为圆心的土地地租波动范围呈同心圆形，从圆心向外逐渐递减，这说明商业中心影响的敏感范围是有限的。城市包含了多级商业中心，市级商业中心的影响范围最大，区级次之，更低级别的商业中心影响范围更小，在地下空间资源开发潜力的经济价值评价中可以不予考虑。

根据伯吉斯的同心圆模式和地租曲线原理，可以得出随着距市中心距离的增加，区位租金也呈下降趋势，其中商业中心地租的下降程度最为明显，工业和住宅的地租次之。

商业中心是城市地价的峰值区和交通高覆盖地区，其地下空间的开发不仅可以扩大城市空间容量，提高土地利用效率和经济效益，而且综合地下交通、地下综合体的建设也可起到舒缓交通拥堵，改善地面环境的作用。

**2. 其他中心区**

除商业中心外，城市行政中心和交通枢纽区位的集聚效益和地租效应也十分明显，同样也需要大量的地下空间资源。

城市行政中心往往占据城市中地理位置较好、地租较高的区域，其周围环境质量、历史文化、城市风貌俱佳，对地下空间资源的开发以满足社会需求和环境需求为主，经济效益较大，潜在开发价值较高。另外，城市中的其他一些人文场所，如旅游中心、会展中心等，也属于人流量较高、交通较便利的场所，地租普遍较高，其地下空间的开发价值也较高。

### （五）市政状况因素

城市市政公用设施绝大部分埋于地下，占用了一部分地下空间资源，包括输配管线和场站。与城市地下空间密切相关的市政设施主要有水资源、给排水系统及能源系统：包括水资源的开发、利用和管理设施；自来水的生产和供应设施；雨水排放设施；污水处理、排放和下水道等设施；电的生产、输变电设施以及煤气、天然气等燃料的供应管道等。可以看出，绝大多数市政设施都适合放入地下，因此城市地下空间应是市政设施的主要容纳空间。

城市地下空间的开发潜力同样还在于城市市政设施的更新改造，其价值在于提高市政公共安全性和可靠性，在于改善人们生活的方便程度以及地面空间环境。所以，市政设施越是密集的地区，说明人口越多，其地下空间开发的潜力也就越大。市政管道密度可以作为评价地下空间开发潜力的又一指标。

防灾因素方面，人类历史上遭受的大规模灾害主要有两类：一是自然灾害（地震、洪水、大火、台风等）；二是战争浩劫（高科技常规战争和核战争）。第一种灾害具有突发性和不确定性，对城市的危害比较大，第二种灾害在一定条件下也是可能发生的。城市的灾害防御系统是城市现代化建设中不可忽视的重要组成部分，开发和利用地下空间是防御和减轻各种灾害的有效途径之一。以人民防空工程为主题的城市防空防灾地下空间，对灾害的防御所产生的价值主要包括生命财产安全以及环境保护。防灾能力主要通过防灾设施和普通地下空间的完善程度来表现，在防灾设施缺乏的区域对地下空间资源开发的需求高，其产生的防护效益好。因此以人均防护面积作为评价防灾能力的标准，则人均防护面积的现状水平与标准人均防护面积的差距就是对地下空间资源需求强度的衡量和评价指标。

### 三、地下空间资源（数）量评价

根据地下空间资源（数）量调查的原理，在平面上按是否可以进行开发利用，分为限制开发区、可有限开发区、可充分开发区三大类。

限制开发区：包括资源保护区、地质条件限制空间等。上述地区地下空间资源量为不可开发利用的地下空间资源量。

可有限开发区：包括建（构）筑物现状空间基础影响范围区、市政设施影响范围区以及已开发地下空间的地区等，其影响深度和范围内不可开发，影响深度和范围外可合理开发，建议开发与保护并重，合理控制开发规模和空间形式。

可充分开发区：不受现状空间保护限制的各类开敞空间和规划新增建设用地、规划拆建用地等。

限制开发区内的地下空间资源量以及可有限开发区内建（构）筑物、市政设施、已开发地下空间影响深度和范围内的地下空间资源量的总和即为不可开发利用的地下空间资源量。可有限开发区内建（构）筑物、市政设施、已开发地下空间影响深度和范围外的地下空间资源量及可充分开发区的地下空间资源量的总和即为可供合理开发利用的地下空间资源量。

## 第二节　评价模型

如何更加科学、客观和真实地开展地下空间开发利用潜力评价是一个十分有意义的研究方向。目前，国内外常用的评价模型主要有层次分析法、模糊综合评判法、综合指数法、灰色关联度法、可拓评价法、可变模糊集、BP 人工神经网络法等。

### 一、层次分析法

层次分析法是美国著名运筹学专家匹兹堡大学教授 T. L. Saaty 于 20 世纪 70 年代提出的层次排序法（AHP），该方法是征求多位专家的经验判断，再建立适当的数学模型，进行再一次运算确定最终权重，是一种较为合理的系统分析方法。

#### （一）构造比较矩阵

构造比较矩阵主要是通过比较同一层次上的各因素对上一层相关因素的影响作用，而不是把所有因素放在一起比较，即将同一层的各因素进行两两对比。比较时采用相对尺度标准度量，尽可能地避免不同性质的因素之间相互比较的困难。同时，要尽量依据实际问题的具体情况，减少由于决策人主观因素对结果造成的影响。

设要比较 $n$ 个因素 $C_1$，$C_2$，…，$C_n$ 对上一层（如目标层）O 的影响程度，即要确定它在 O 中所占的比重，对任意两个因素 $C_i$ 和 $C_j$，用 $a_{ij}$ 表示 $C_i$ 和 $C_j$ 对 O 的影响程度之比，按 1~9 的比例标度来度量 $a_{ij}$（$i$，$j$=1，2，…，$n$）。于是，可得到两两成对的比较矩阵，又称为判断矩阵，显然：

$$A = (a_{ij})_{n\times n} \qquad a_{ij} > 0; \; a_{ij} = \frac{1}{a_{ji}}, \; a_{ii} = 1 \quad (i, j = 1, 2, \cdots, n) \tag{2-3}$$

因此，又称判断矩阵为正互反矩阵。

比例标度的确定：$a_{ij}$ 取 1~9 的 9 个等级，而 $a_{ji}$ 取 $a_{ij}$ 的倒数（表 2-3）。

**表 2-3 判断矩阵标度值取值**

| 标度 | 定义 | 说明 |
|---|---|---|
| 1 | 同等重要 | 两个指标相比较，具有同等的重要性 |
| 3 | 稍微重要 | 两个指标相比较，一个指标比另一个稍微重要 |
| 5 | 明显重要 | 两个指标相比较，一个指标比另一个明显重要 |
| 7 | 非常重要 | 两个指标相比较，一个指标比另一个非常重要 |
| 9 | 绝对重要 | 两个指标相比较，一个指标比另一个绝对重要 |
| 2，4，6，8 | | 介于上述相邻情况的中间值 |
| 倒数 | | 指标 $i$ 与 $j$ 比较得到判断 $a_{ij}$，则指标 $j$ 与 $i$ 比较得到 $a_{ji}=1/a_{ij}$ |

### （二）相对权重向量的确定

通常确定相对权重的方法都是近似的，常用的有和法、求根法和特征根法等。这里仅以和法为例，介绍权重向量的确定。

取判断矩阵 $n$ 个列向量归一化后的算术平均值，近似作为权重，即

$$w_i = \frac{1}{n}\sum_{j=1}^{n}\frac{a_{ij}}{\sum_{k=1}^{n} a_{kj}} \quad (i = 1, 2, \cdots, n) \tag{2-4}$$

类似地，也可以按行求和所得向量作归一化，得到相应的权重向量。

### （三）一致性检验

通常情况下，由实际得到的判断矩阵不定是一致的，即不一定满足传递性。实际中，也不必要求一致性绝对成立，但要求大体上是一致的，即不一致的程度应在容许的范围内，主要考察以下指标：

1）一致性指标：$CI=\dfrac{\lambda_{\max}-n}{n-1}$；

2）随机致性指标：$RI$ 通常由实际经验给定（表 2-4）。

**表 2-4 AHP 平均随机一致性指标**

| $n$ | 1 | 2 | 3 | 4 | 5 | 6 | 7 | 8 | 9 | 10 | 11 |
|---|---|---|---|---|---|---|---|---|---|---|---|
| $RI$ | 0.00 | 0.00 | 0.58 | 0.90 | 1.12 | 1.24 | 1.32 | 1.41 | 1.45 | 1.49 | 1.51 |

一致性比率指标：$CR=\dfrac{CI}{RI}$，当 $CR<0.10$ 时，认为判断矩阵的一致性是可以接受的，则 $\lambda_{\max}$ 对

应的特征向量可以作为排序的权重向量，此时

$$\lambda_{\max} \approx \sum_{i=1}^{n} \frac{(AW)_i}{nw_i} = \frac{1}{n} \sum_{i=1}^{n} \frac{\sum_{j=1}^{n} a_{ij} w_j}{w_i} \tag{2-5}$$

式中：$(AW)_i$—$AW$ 的第 $i$ 个分量。

### （四）计算组合权重和组合一致性检验

在计算出某一层次相对于上一层次某一元素的单排序权重后，再将上一层次该元素本身的权重加权综合，可得到组合权重，也即指标因素总权重。这一过程称为“层次总权重”。

当层次总权重的一次性比率指标 $CR$ 满足：$CR=\sum_{k=1}^{n} W_{Bk} CI_k / \sum_{k=1}^{n} W_{Bk} RI_k$ 时，则认为整个层次的判断矩阵通过一致性检验。

## 二、模糊综合评判法

模糊综合评判法是应用模糊关系合成的特征，从多个指标对被评价事物隶属等级状况进行综合评判的一种方法，它把被表述事物的变化区间做出划分，又对事物属于各个等级的程度做出分析，这样使得对事物的描述更加深入客观。

设 $U=\{u_1, u_2, \cdots, u_m\}$ 为评价指标集，$V=\{v_1, v_2, \cdots, v_n\}$ 为评语集，评价指标集与评语集论域之间的模糊关系用矩阵 $R$ 表示：

$$R = \begin{pmatrix} r_{11} & r_{12} & \cdots & r_{1n} \\ r_{21} & r_{22} & \cdots & r_{2n} \\ \vdots & \vdots & \vdots & \vdots \\ r_{m1} & r_{m2} & \cdots & r_{mn} \end{pmatrix} \tag{2-6}$$

式中：$r_{ij}=\mu(u_i, v_j)$ $(0 \leqslant r_{ij} \leqslant 1)$，表示就指标 $u_i$ 而言被评为 $v_j$ 的隶属度；矩阵 $R$ 中第 $i$ 行 $R_i=(r_{i1}, r_{i2}, \cdots, r_{in})$ 为第 $i$ 个评价指标 $u_i$ 的单指标评判，它是 $V$ 上的模糊子集。

由于各评价指标在评价过程中所起作用的大小不同，需考虑各指标的在评价过程中的权重。假定 $a_1, a_2, \cdots, a_m$ 分别为 $u_1, u_2, \cdots, u_m$ 的权重，且满足 $a_1+a_2+\cdots+a_m=1$，则 $A=(a_1, a_2, \cdots, a_m)$ 为反映指标权重的模糊集。

$$B = AR = (a_1, a_2, \cdots, a_m) \begin{pmatrix} r_{11} & r_{12} & \cdots & r_{1n} \\ r_{21} & r_{22} & \cdots & r_{2n} \\ \cdots & \cdots & r_{ij} & \cdots \\ r_{m1} & r_{m2} & \cdots & r_{mn} \end{pmatrix} \tag{2-7}$$

通过模糊运算可得 $AR=B=(b_1, b_2, \cdots, b_n)$ $(0 \leqslant b_j \leqslant 1)$，根据最大隶属度准则，$\max\limits_{1 \leqslant j \leqslant n}\{b_j\}$ 所对应的评语即为评判结果。

对地下空间利用潜力评价往往涉及众多的评价指标，且各指标有层次、类别之分，需要进行多级别模糊综合评判。即将低层次指标评判结果所得的结果作为上一级评价指标的单指标评判，分级评判，得到最终结果。

## 三、综合指数法

综合指数法是将地下空间环境系统分解为若干个子系统，分别在各个子系统中选择出具有代表性的评价因子，并依据其表现程度进行相应的等级划分，并得到归一化指标因子。按权重将属于同一级别系统的各个评价因子的指标值进行加权，得到每一个评价单元最终的适宜性指数，并通过综

合分析，得到全区地下空间开发利用的总体评价结果。

综合指数法的模型如下：

$$W_i = \sum_{j=1}^{p} a_i \times b_j \qquad (2-8)$$

式中：$W_i$—第 $i$ 单元的适宜性指数；$j$—评价因子；$a_i$—第 $j$ 单元评价因子在第 $i$ 评价单元的赋值；$b_j$—第 $j$ 个评价因子的权重；$p$—评价因子数。

## 四、灰色关联度法

在进行综合评价时，常用的方法主要是多目标线性加权函数法，将评价指标量化分级后，量化分值乘以相应的权重便可得出评价结果。该方法较简单，可在一定程度上体现各指标对综合评价的影响，但是对权重的依赖较严重，主观性较强，容易导致评价结果失真。由于地质资料有限且数据具有较大的波动性，部分指标没有明显的规律性且会因为主观条件的改变而变化，所以地下空间开发地质适宜性评价是基于贫信息背景的数据整合过程，是一个典型的灰色系统。使用灰色关联分析法进行综合评价，可以更好地体现出各个指标对目标层的贡献大小，简单来说，就是通过计算参考序列和特征序列之间的关联程度，量化数据间的关联性强弱，以此达到辅助决策的目的。灰色关联分析法通常包括：

确定参考序列和特征序列。一般采用各指标的最优值构成参考序列，而特征序列就是由各指标组成的数据序列。

计算灰色关联度。首先需要划分评价单元，然后根据定权结果，以各指标最优情况的得分作为参考序列 $X'_0$，以评价单元内各指标的得分作为特征序列 $X'_i$，特征序列越接近参考序列，则关联程度越大。$X_0' = (x_0'(1), x_0'(2), \cdots, x_0'(m))$。

1）对数据进行无量纲化处理。

2）计算灰色关联系数及关联度。首先计算各特征序列与参考序列的绝对差，得到灰色关联系数 $\xi_i$，灰色关联系数是参考序列与特征序列在曲线上各个点的关联程度值，关联系数可能有多个结果且信息较分散，难以直观地比较，所以需要将关联系数集中为一个数，通过求平均值得到关联度 $\gamma_i$。

$$\xi_i(k) \frac{\min\limits_{i}\min\limits_{k} | x_0(k) - x_i(k) | + \rho \max\limits_{i}\max\limits_{k} | x_0(k) - x_i(k) |}{| x_0(k) - x_i(k) | + \rho \max\limits_{i}\max\limits_{k} | x_0(k) - x_i(k) |} \qquad (2-9)$$

式中：$\rho$—分辨系数，取值范围（0，1），一般取 0.5；$\gamma_i = \frac{1}{m}\sum_{k=1}^{m}\xi_i(k)$。

3）灰色关联度排序。计算出各评价单元的灰色关联度，关联度数值越大代表该单元与最优情况越接近，采用等区间均分法划分关联度区间，根据关联度大小划分评价等级。

## 五、可拓评价法

可拓学早期被称为物元分析，它是由我国学者蔡文于 1983 年创立的一门用于研究物元和其变换的新型学科。经过近 30 年的研究探讨，该理论已经日趋成熟，并通过多个案例充分证明了它在工程领域所发挥的重要且有效的作用。运用可拓评价法，对于解决各种影响因素的不相容以及多属性等问题都有着非常实际的效用。

基于可拓评价法进行地下空间开发潜力评价步骤如下：

（1）地下空间开发潜力评价的物元的确立

确定评价的指标体系，确定地下空间的物元三元组 $R = (N, C, V)$，其中需要进行评价的区域用 $N_t$（$t=1, 2, \cdots, m$）来表示，具体指标用 $c_i$（$i=1, 2, \cdots, n$）表示，量值用 $v_i$（$i=1, 2, \cdots, n$）表示。

（2）经典域、待评价物元以及节域的确立

确定经典域：

$$R_{0j}=(N_j, C, V_j)=\begin{bmatrix} N_j, & c_1, & v_{01j} \\ & c_2, & v_{02j} \\ & \vdots & \vdots \\ & c_n, & v_{0nj} \end{bmatrix}=\begin{bmatrix} N_j, & c_1, & (a_{01j}, & b_{01j}) \\ & c_2, & (a_{02j}, & b_{02j}) \\ & \vdots & & \vdots \\ & c_n, & (a_{0nj}, & b_{0nj}) \end{bmatrix} \tag{2-10}$$

通过对地下空间的指标的取值范围进行评价进而确定节域：

$$R_p=(N_p, C, V_p)=\begin{bmatrix} N_p, & c_1, & v_{1p} \\ & c_2, & v_{2p} \\ & \vdots & \vdots \\ & c_n, & v_{np} \end{bmatrix}=\begin{bmatrix} N_p, & c_1, & (a_{1p}, & b_{1p}) \\ & c_2, & (a_{2p}, & b_{2p}) \\ & \vdots & & \vdots \\ & c_n, & (a_{np}, & b_{np}) \end{bmatrix} \tag{2-11}$$

确定地下空间开发潜力各相关指标产生影响的实际评价值：

$$R_t=\begin{bmatrix} N_t, & c_1, & v_1 \\ & c_2, & v_2 \\ & \vdots & \vdots \\ & c_n, & v_n \end{bmatrix} \tag{2-12}$$

式中：$R_{0j}$—地下空间开发的潜力水平为第 $j$ 等级（$j=1, 2, y$）时的物元模型；$N_j$—地下空间开发的潜力水平为第 $j$ 等级（$j=1, 2, y$）时的指标；$v_{ij}=(a_{ij}, b_{ij})$—当处于第 $j$ 等级的开发潜力水平时，相对于 $N_j$ 指标 $c_i$ 的取值范围；$R_p$—指标的取值范围；$N_p$—所有等级；$V_p$—当潜力处于第 $j$ 等级，所对应的指标 $c_i$ 取值范围；$R_t$—评价区域 $N$ 的物元；$N_t$—第 $t$ 个评价区域；$v_i$（$i=1, 2, \cdots, n$）—评价指标的实际值。

（3）确定关联度与关联函数

关联度、关联函数具体如下：

$$r_{ij}(v_{ti})=\begin{cases} \dfrac{-\rho(v_{ij}, v_{0tj})}{|v_{0ti}|} & v_{ij}\in v_{0ti} \\ \dfrac{\rho(v_{ij}, v_{0ti})}{\rho(v_{ij}, v_{ip})-\rho(v_{ij}, v_{0ti})} & v_{ij}\notin v_{0ti} \end{cases} \tag{2-13}$$

$$\rho(v_{ij}, v_{0ij})=|v_{ij}-0.5(b_{0ij}+a_{0ij})|-0.5(b_{0ij}-a_{0ij})$$

$$\rho(v_{ij}, v_{ip})=|v_{ij}-0.5(b_{ip}+a_{ip})|-0.5(b_{ip}-a_{ip})$$

$$(i=1, 2, \cdots, n;\ j=1, 2, \cdots, y;\ t=1, 2, \cdots, m)$$

式中：$r_{ij}(v_{ti})$—第 $t$ 个特评价物元，第 $j$ 个等级，第 $i$ 个指标的关联度；$\rho(v_{ij}, v_{0ij})$—第 $i$ 个量值与对应经典域量值范围有限区间的距离；$v_{0ti}$—经典物元第 $i$ 个指标的量值范围；$v_{ip}$—节域物元第 $i$ 个指标的量值范围。

## 六、可变模糊集法

设论域 $U$ 上的一个模糊概念 $A$，对 $U$ 中的任意元素 $u$（$u\in U$），在相对隶属函数的连续数轴任一点上，$u$ 对吸引性质 $A$ 的相对隶属度为 $\mu_A(u)$，对排斥性质 $A^c$ 的相对隶属度为 $\mu_{A^c}(u)$。$D_A(u)=\mu_A(u)-\mu_{A^c}(u)$ 称为 $u$ 对 $A$ 的相对差异度。

$$\begin{cases} V=\{(u, D)\mid u\in U, D_A(u)=\mu A(u)-\mu_{A^c}(u)\} & D\in[-1, 1] \\ A_+=\{u\mid u\in U, 0<D_A(u)\leqslant 1\} \\ A_-=\{u\mid u\in U, -1<D_A(u)\leqslant 0\} \\ A_0=\{u\mid u\in U, D_A(u)=0\} \end{cases} \tag{2-14}$$

式中：$V$—模糊可变集合；$A_+$、$A_-$、$A_0$—模糊可变集合 $V$ 的吸引（为主）域、排斥（为主）域、渐变式质变界。

设 $X_0=[a, b]$ 为实轴上模糊可变集合 $V$ 的吸引（为主）域，即 $0<D_A(u)\leq 1$ 区间，$X=[c, d]$ 为包含 $X_0$（$X_0\subset X$）的某一上、下界范围域区间。根据模糊可变集合 $V$ 定义可知 $[c, a]$、$[b, d]$ 均为 $V$ 的排斥域，即 $-1\leq D_A(u)<0$ 区间。设 $M$ 为吸引（为主）域区间 $[a, b]$ 中 $D_A(u)=1$ 的点值，按物理分析确定，$M$ 不一定是区间 $[a, b]$ 的中点值。$x$ 为 $X$ 区间内的任意点的量值，则 $x$ 落入 $M$ 点左侧时的相对差异函数模型为：

$$\begin{cases} D_A(u)=\left[\dfrac{x-a}{M-a}\right]^{\beta} & x\in[a, M] \\ D_A(u)=-\left[\dfrac{x-a}{M-a}\right]^{\beta} & x\in[c, a] \end{cases} \tag{2-15}$$

$x$ 落入 $M$ 点右侧时，其相对差异函数模型为：

$$\begin{cases} D_A(u)=\left[\dfrac{x-b}{M-b}\right]^{\beta} & x\in[M, b] \\ D_A(u)=-\left[\dfrac{x-b}{d-a}\right]^{\beta} & x\in[b, d] \end{cases} \tag{2-16}$$

式中：$\beta$—非负指数，通常可取 $\beta=1$，即相对差异函数模型为线性函数。当 $x=a$ 或 $b$ 时，$D_A(u)=0$；当 $x=M$ 时，$D_A(u)=1$；当 $x=c$ 或 $d$ 时，$D_A(u)=-1$。

具本评价流程：建立评价因子体系，以及相应的特征值与指标标准特征值相对隶属度；提取评价单元体的各节点上因子值；建立评价因子体系的权重矩阵，以及每个评价单元体节点上各因子的相对隶属度矩阵；建立地下空间资源质量的模糊评价矩阵与级别特征值。

## 七、BP 人工神经网络模型

人工神经网络是基于模拟人脑或自然神经网络的某些机理与机制，通过大量输入估计或逼近某个未知的函数。目前，人工神经网络的应用已渗透各个领域，建立了多种网络模型，如 BP 人工神经网络、竞争神经网络、SOM 神经网络、遗传算法，等等，这些新的数学模型为学习识别和计算提供了新的途径。

其中，BP 人工神经网络是人工神经网络的一个典型模型，全称是反向传播模型（Back-propagation），网络不仅有输入层节点、输出层节点，而且还有隐含层节点（一层或多层）。由于 BP 人工网络计算过程中的权值修正是从输出节点开始，把隐含层节点的误差信息反向传播到最接近输入层的隐含层，所以称为“反向传播”。单隐含层的 BP 人工神经网络结构模型如图 2-2 所示。

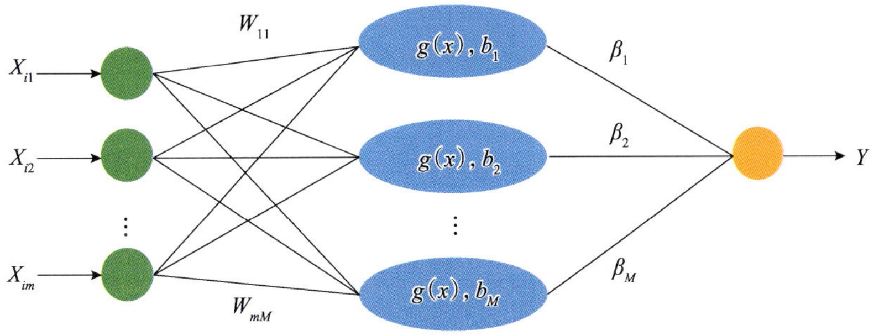


图 2-2　BP 人工神经网络结构模型

学者 Rumelhart 和 McClelland 于 1985 年发展了 BP 网络学习算法，实现了 Minsky 的多层网络设想（BP 学习理论由 Minsky 于 1974 年提出），这个算法的学习过程是一个反复迭代的过程，由正向传播和反向传播组成。在正向传播过程中，输入信息从输入层经隐单元层逐层处理，并传向输出层，每一层神经元的状态只影响下一层神经元的状态。若输出层不能得到期望的输出，则转入反向传播，将误差信号沿原来的连接通路返回，调整各个神经元之间的连接权值，如此反复迭代，直到误差达到容许水平。通过对样本进行这样的“学习”后，网络所持的权值便是网络通过自适应学习得到的正确的内部表示。这时将待识别样本的特征数据输入训练好的网络，网络就可以对样本的属性进行自动推理、识别。BP 网络预测流程见图 2-3。

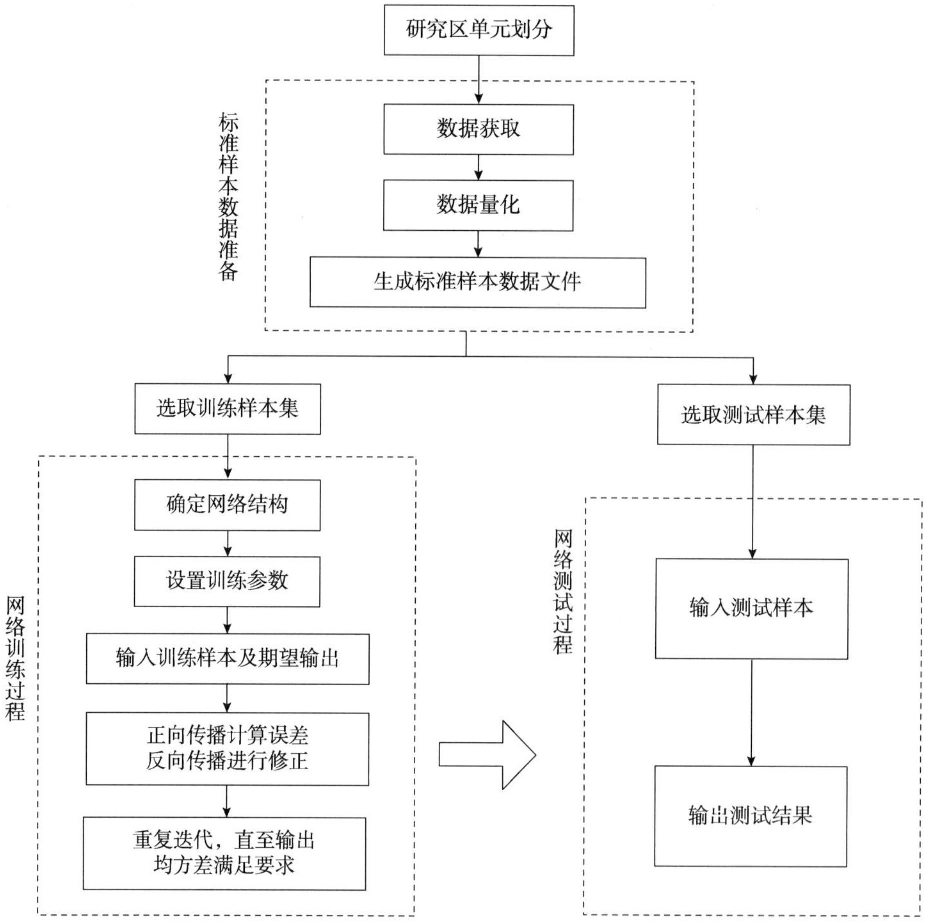


图 2-3　BP 网络预测流程图

建立 BP 人工神经网络模型时，关键是选择得当的训练样本集以及确立神经网络的结构。训练样本最好是涵盖预测对象的多个样本，具有一定的代表性，训练样本的选择是否得当，是预测是否成功的关键。确定神经网络的结构主要是确定网络的层数及隐含层结点个数，若隐含层结点数目过少，则不能有效地映射输入层和输出层之间的关系，若数目过多，则收敛速度过慢，计算效率较低。因此，BP 人工神经网络模型的建立，需经过反复演算训练，才能得出较为理想的模型。

总之，BP 算法是一个很有效的算法，它把一组样本的输入、输出问题变成一个非线性优化问题，是一种非确定性分析方法。如果把这种神经网络看成是一个从输入到输出的映射，则这个映射是一个高度非线性的映射。

## 八、影响要素逐项排除法

在地下空间资源的总蕴藏量中，排除受到不良地质条件和水文地质条件、地下埋藏物、已开发利用的地下空间、建筑物基础等的制约后，剩余的空间范围即为可供合理开发的资源蕴藏分布——

这种调查可合理开发利用地下资源空间分布范围的方法，称为影响要素逐项排除法。

设 $V$ 为评价范围内地下空间的总蕴藏空间，$V_1$ 为受地质条件和水文地质条件制约的空间，$V_2$ 为受地下埋藏物制约的空间，$V_3$ 为受已开发利用地下空间制约的空间，$V_4$ 为受建筑物基础制约的空间，$V_5$ 为可供合理开发利用的资源空间。则可供合理开发的地下空间资源为：

$$V_5 = V - (V_1 + V_2 + V_3 + V_4) \qquad (2-17)$$

各因素制约的空间有可能是重叠的，阴影部分为影响因素制约区，圆圈内空白部分为可供合理开发的资源空间蕴藏分布区（图 2-4）。

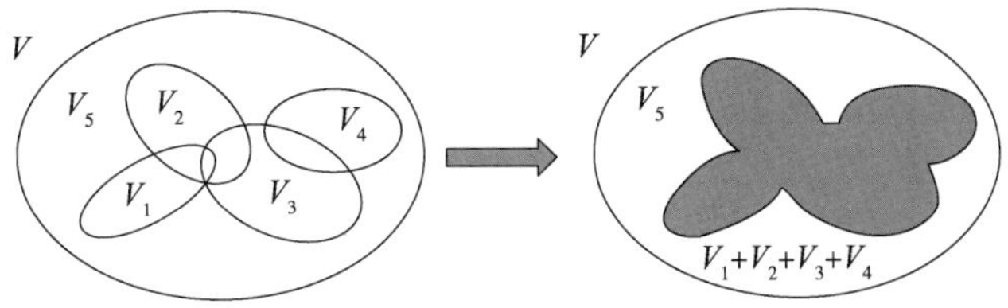


图 2-4　排除法评判步骤示意图

以上方法的原理及优缺点不同，如层次分析法、模糊综合评价法、综合指数法等方法，适合解决影响因素多、指标层次多的复杂问题，对数据量要求不高，操作性强，但结果易受主观影响；可拓评价法、人工神经网络等方法受主观影响较小，但对数据量要求较高。因此，在评价时应根据地质指标数据的数量、指标有无定量表示、是否存在对开发适宜性影响极大的“一票否决”指标等情况，合理选择评价方法，条件允许时可多种方法组合使用，以弥补单一方法的缺陷。

下文将以海口江东新区为例，对其地下空间开发利用潜力进行评价，基于评价结果，全面分析评价江东新区存在的各类环境地质问题，从形成机理、分布规律，以及有针对性防治措施的基础上提出地下空间开发利用对策建议。

# 第三章　海口江东新区地质特征

## 第一节　自然地理

### 一、交通位置

海口江东新区位于海南岛东北部，地处海口市东海岸区域，北临琼州海峡，东临文昌市，南临云龙镇，西临南渡江，现阶段主要通过最北侧新东大桥、琼州大桥、海瑞桥、海榆东线、绕城高速与主城区相连。

海口江东新区内现有主要交通干道东西向有江东大道、白驹大道、椰海大道、新大洲大道、桂林洋大道、灵文加线、绕城高速等，南北向有琼山大道、海域东线、兴洋大道、东寨港大道等。此外，区内各乡村互通的道路较为发达，北侧临海有东营港、山湖港、福创港、东寨港等海运港口，南侧有美兰国际机场、东环高速铁路。总的来说，海口江东新区交通体系较为发达，海、陆、空均有很好的交通基础，与周边海口主城区、文昌市、定安县以及省外交通联系十分便捷，详见图 3-1。

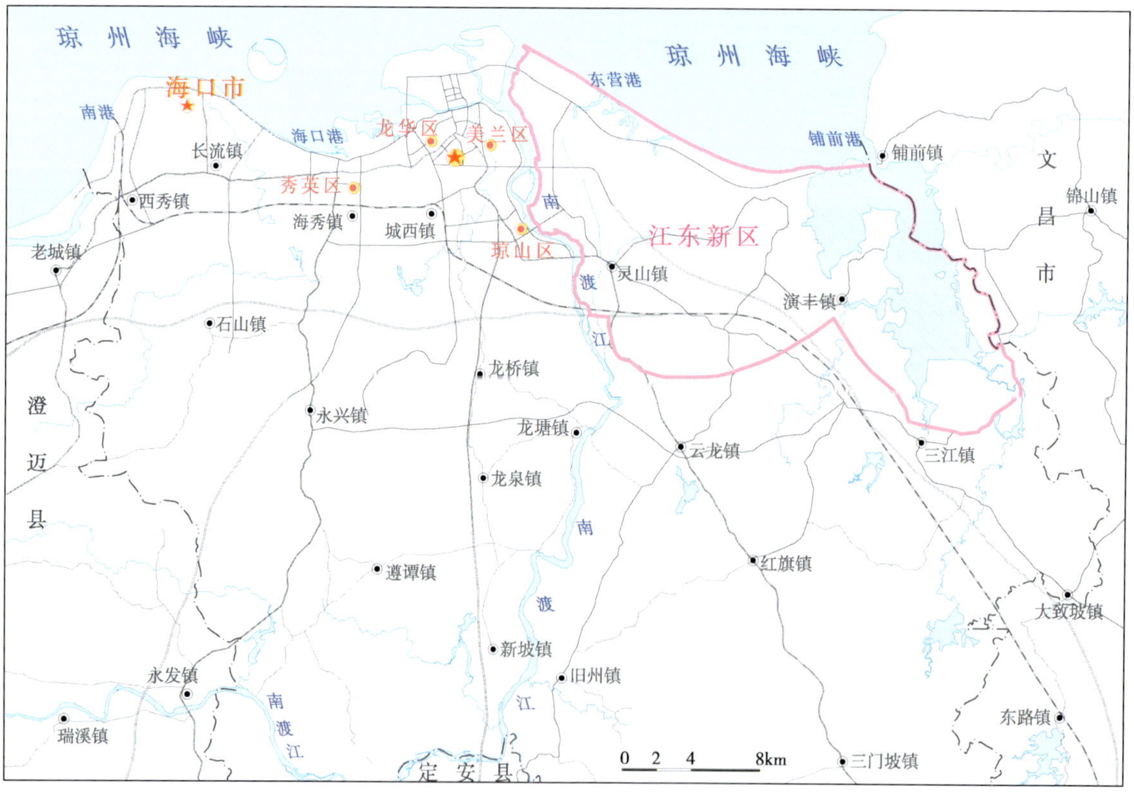

图 3-1　海口江东新区交通位置示意图

## 二、气象水文

海口江东新区行政上隶属海口市，为热带海洋气候和热带季风气候，高温多雨为主要气候特征，干湿季节明显。年平均气温 21~24.7℃，1—2 月平均气温 17.2~18.2℃，7—8 月平均气温 26~29℃，极端最高气温 40℃。根据 1985—2014 年气象资料分析，区域最小年降水量 978~1301mm，最大年降水量 2628~2967mm，多年平均降水量 1751~2016mm；枯水年平均降水量 1124~2391mm，丰水年平均降水量 2381~2697mm，枯水年主要为 1987 年、2004 年、2005 年，其次为 1991 年、1999 年；丰水年主要为 1997 年、2000 年、2009 年、2010 年。

海口江东新区周边水系较为发育，西侧主要河流为南渡江，南渡江是区域的第一大河流，流经琼中、澄迈、定安、海口等市县，全长 344km，流域面积大于 7033km$^2$，为海南省的主要灌溉水系；东侧主要为东寨港红树林保护湿地，东寨港东侧与文昌的珠溪河相接。

海口江东新区主要地表河流有潭览河、迈雅河、道孟河、芙蓉河、演丰东河、演丰西河，主要蓄水水库有晋文水库、龙窝水库、博罗水库、牛下水库，东侧为东寨港红树林湿地公园，此外，区内的滨海滩涂地带人工养殖的鱼塘、虾塘十分发达，坑塘较多。区内河流水系分布见图 3-2。

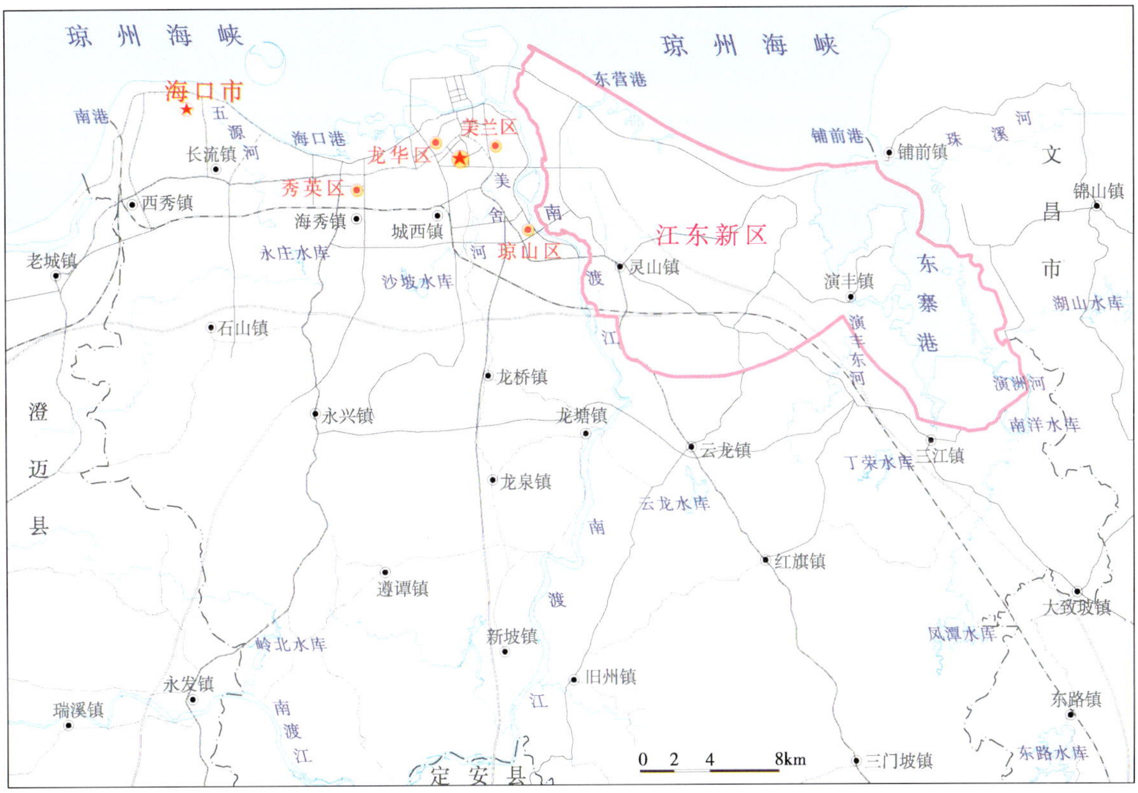


图 3-2 区域水系分布图

江东新区北部海域水深小，风浪大，潮汐为日潮型，东部主要以不规则日潮混合潮为主，日潮约占半个月，半日潮平均为 11 天；北部湾属规则全日潮，潮差小，界于 1~3m 之间。最高潮位为 3.60m，平均潮位为 2.14m。

波浪为季风型，冬季以东北向风浪或偏北向风浪为主，热带气旋季节也盛行东北向或偏北向风浪，风力强，对北部、东部海岸作用尤其强烈。区域经常遭受东向风浪（冬季东北向风浪，夏季东—东南向风浪）袭击，大浪波高可达 6m。

## 三、地形地貌

依据海口江东新区第四纪地质成因类型，结合地形特征，按照地貌形态，把区内陆地地貌划分为火山地貌、河流地貌、湖成地貌、海岸地貌等四个主要地貌单元（二级分类）。在此基础上，把上述四个二级地貌单元进行次级微地貌划分，共划分为8个次级微地貌单元，各级地貌分布及特征详见表3-1、图3-3。

**表3-1　海口江东新区地貌单元划分表**

| 二级地貌 | | 三级地貌 | 所对应第四纪沉积物成因类型 |
|---|---|---|---|
| 河流地貌 | 堆积 | 河流阶地（Ⅰ） | 近代冲积物（*al*） |
| | | 冲积平原（Ⅱ） | 冲洪积物（*apl*） |
| | | 三角洲平原（Ⅲ） | 河口堆积物（*mem*） |
| 火山地貌 | 裂隙式喷发 | 火山岩台地（Ⅳ） | 火山堆积物（*vl*） |
| 湖成地貌 | 湖积 | 湖积平原（Ⅴ） | 湖积物（*l*） |
| 海岸地貌 | 海积 | 海湾堆积平原（Ⅵ） | 滨海沼泽堆积物（*mfl*） |
| | | 海成砂堤（Ⅶ） | 滨岸堆积物（*mcm*） |
| | | 海积阶地（Ⅷ） | |

注：地貌单元划分参考《1：50000浅覆盖区区域地质调查细则》（DZ/T 0158—95）。

### （一）河流地貌

河流地貌可划分为三种二级地貌，分别为河流阶地、冲积平原和三角洲平原。

**1. 河流阶地（Ⅰ）**

河流阶地主要分布于江东新区灵山村东部至南渡江东部沿岸。区域上地形较为平坦、开阔，多为耕作地，标高一般为2~10m。岩性主要为黄色砾砂、中粗砂、细中砂，为全新世及现代河流沉积物，水动力条件较为动荡，沉积物粒度较粗，层厚1~10m。该区域在1：5万三维地貌图上较为平坦，几乎没有起伏。

**2. 冲积平原（Ⅱ）**

主要分布于小燕尾村—灵山村、桂林洋—林香村一带，由黄褐色、红褐色含砾、含黏土中细砂或者细中砂、黄褐色砾砂以及含砾含黏土质中粗砂组成。地形呈波状起伏，部分地段地形平坦，切割程度低，标高一般在5~8m，局部地段地面切割强烈，多呈平岗低丘状，冲沟、切沟等微地貌发育。从三维地貌图上可以看出，冲积平原凸起程度低于火山岩台地，但比起周围的海积地貌，凸起程度明显。

**3. 三角洲平原（Ⅲ）**

主要分布于南渡江东侧至道孟河西侧，南至灵山村北侧，岩性以褐黄色、浅褐黄色粗砂、砂砾、中砂以及灰黑色粉砂质黏土、碳质黏土为主，层厚10~30m。区域上地形较为平坦、开阔，多为耕作地，河网密布，水系发育，标高一般为2~5m。

### （二）火山地貌（Ⅳ）

主要分布于江东新区中南部以及演丰镇一带，由多文组玄武岩组成。地表多为玄武岩风化土，断续见气孔状玄武岩。火山岩台地经过长期风化剥蚀和流水侵蚀作用，已发育成为厚层红土的丘陵状台地，侵蚀切割较强。台地呈南北向，地势总体由南往北降落。1：5万三维地貌图上，火山岩

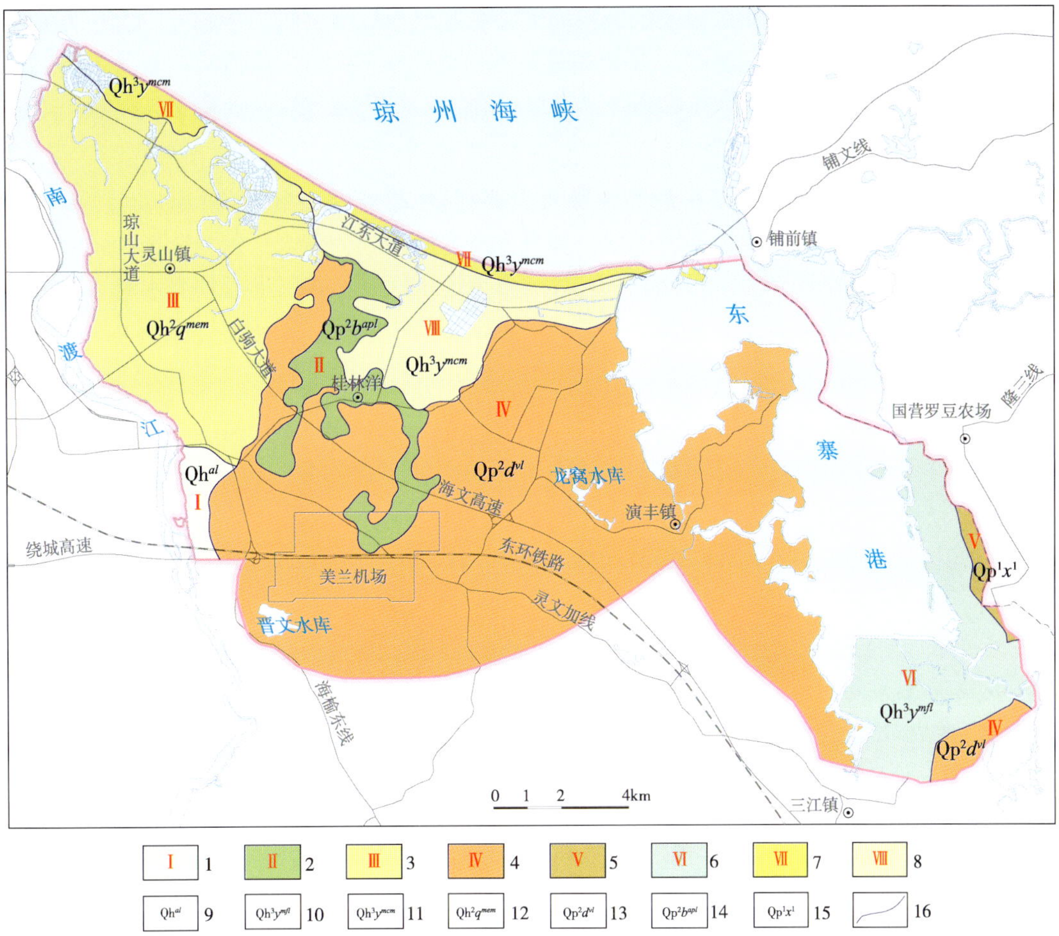


图 3-3　海口江东新区地貌分区图

1—河流阶地；2—冲积平原；3—三角洲平原；4—火山岩台地；5—湖积平原；6—海湾堆积平原；7—海成沙堤；8—海积阶地；9—近代冲积物；10—烟墩组海湾堆积物；11—烟墩组滨岸堆积物；12—琼山组河口堆积物；13—多文组火山堆积物；14—北海组冲洪积物；15—秀英组湖积物；16—地貌类型分界线

台地凸起程度高于周边的三角洲平原、海积阶地和冲积平原。台地标高一般介于 20~35m，台面起伏大，水系发育，常见水库分布。

### （三）湖成地貌（Ⅴ）

地表仅出露于罗豆农场西南部一带，岩性由杂色黏土或灰褐—黄褐色含砾含砂质黏土、灰白色砂砾层组成，地形平坦，标高 2~5m，水系发育，以河沟和洼地为主。该区域的凸起程度高于周边的冲积平原，但与海湾堆积平原相比，突起程度不明显。

### （四）海岸地貌

**1. 海湾堆积平原**（Ⅵ）

主要分布于东寨港红树林片区，岩性为灰黑色黏土，含黏土质粉砂质细砂，地表平坦，标高一般 1~5m，沿海湾分布，微向海倾斜。动植物繁盛，构成小型生态系统。

**2. 海成沙堤**（Ⅶ）

主要分布于江东新区北部沿岸地区，由烟墩组黄色中砂、细砂组成，含有贝壳、珊瑚等生物碎屑，呈条带状平行海岸线分布。沙丘带的基部是烟墩组老沙堤，由于海平面下降后退，海成沙堤不断堆积，形成海岸沙堤。海口江东新区烟墩组地形略有起伏，标高一般为 2~8m。1∶5 万三维地貌图上可以明显看出有一条带状的海岸沙堤沿着调查区海岸带分布，与周围海成一级阶地形成明显的高差。

**3. 海积阶地（Ⅷ）**

主要分布于江东新区起步区至东部沿海以及高山村以北地区，岩性主要为灰色、灰白色、黄色、灰黑色砾砂、中粗砂、含生物碎屑中砂，灰黑色淤泥质黏土、黏土，砂粒分选性较好，成熟度高，普遍含有钛铁矿、铬铁矿、锆石及电气石等。由于透水性好，难以形成地表水流，故阶地面保存完整，地形平坦。阶地呈“丁”字形，标高 2~4m。

# 第二节　区域地质概况

## 一、地质构造

区域构造格局由近东西向、南北向、北西向和北东向 4 组断裂组成，近东西向断裂控制着断陷盆地的形成和发展，而北西、北东向断裂控制盆地内次级构造的形成和分布。4 组断裂具有多期次活动性，控制着新生代火山活动、地震活动、沉积建造类型、成矿作用等。

### （一）断裂构造

区域大地构造位置十分独特，在漫长的地质历史发展过程中经历了多期次的构造运动，形成了近东西向、北东向、北西向和南北向等主要构造体系相互交织的复合构造格局（图 3-4）。

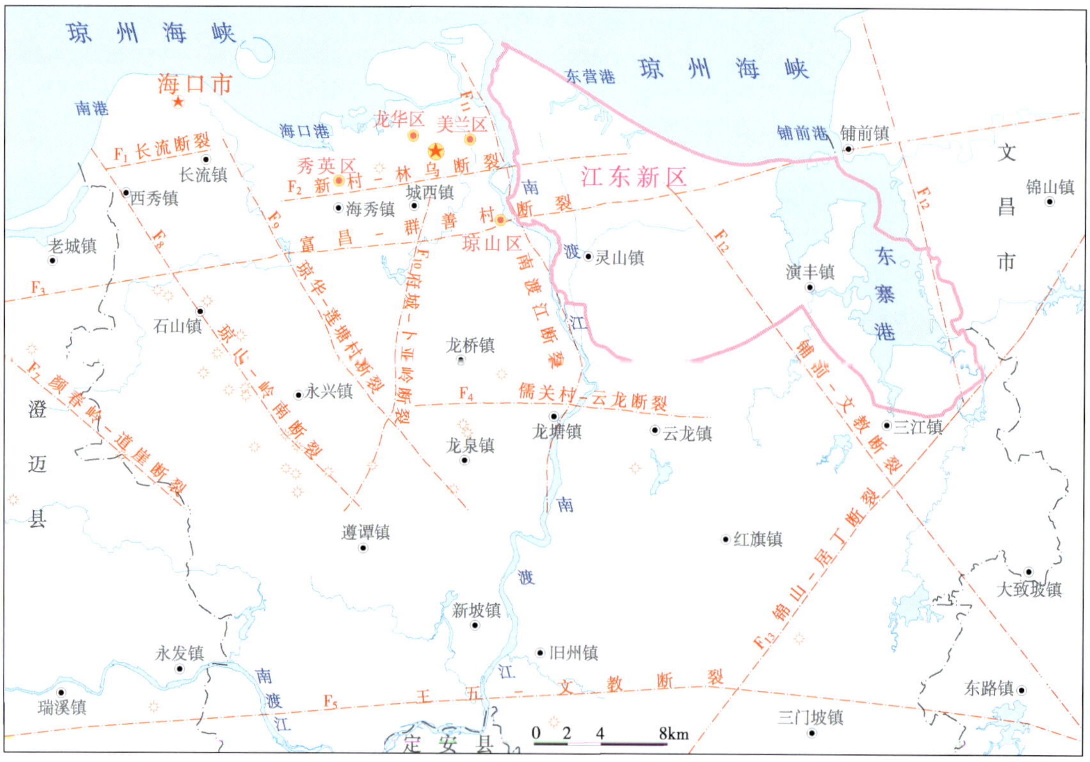


图 3-4　区域构造纲要图

### 1. 近东西向断裂

主要有王五–文教断裂带、儒关村–云龙断裂、富昌–群善村断裂、新村–林乌断裂和长流断裂。其中王五–文教断裂带是新生代海南隆起与雷琼裂陷的分界性断裂带，沿构造带发育多个东西向的新生代凹陷盆地，自西往东、自南往北，盆地的下拗幅度逐渐增大，长坡盆地、福山–多文盆地和海口盆地下拗幅度分别为300~400m、2000m和3000m，盆地内接受了新生代以来的沉积。该断裂带还控制了琼北新生代多期次的火山喷发或喷溢作用，形成大面积东西向展布的玄武岩岩被。

### 2. 近南北向断裂

主要有南渡江断裂，南渡江断裂呈近南北向沿南渡江隐伏分布。重、磁异常明显，卫片中为清晰的浅色调线性影纹。长约47km，走向总体南北，呈弧状弯曲，凸端指向东，倾向西，倾角约60°。钻孔资料显示西盘下降，东盘上升。它控制了古新统长流组和上新统海口组的沉积。

### 3. 北东向断裂

主要有府城–卜亚岭断裂、锦山–居丁断裂。锦山–居丁断裂控制了白垩纪盆地的形成和分布，沿断裂分布有燕山期的花岗岩，断裂带上岩体较为破碎，显示出压扭性特征。

### 4. 北西向断裂

主要有琼华–莲塘村断裂、琼山–岭南断裂、铺前–文教断裂、颜春岭–道崖断裂，它控制了古新世以来的碎屑物沉积和晚更新世火山喷发。

## （二）新构造运动

### 1. 断陷作用

断陷作用表现最明显的为琼北地区，断陷的形成和发展受近东西向的王五–文教断裂带控制。在断陷的形成和发展过程中，从南至北形成一系列近东西向的断裂，致使该区从南向北逐级下降，形成近东西向台阶式盆地，由于王五–文教断裂带的复活和新生代的北西走向断裂的参与，又将其切割成北西向的条块。北西向各条块之间的海侵先后和沉积厚度有所差异；到中新世晚期，海侵淹至十字路，但云龙一带未接受沉积；到上新世，海侵才淹没整个断陷盆地。上新世末期，海侵结束，盆地封闭，并出现短期隆起，使下更新统秀英组平行不整合于下伏地层之上。

### 2. 火山活动

火山活动发育在王五–文教断裂带以北，火山活动频繁，具有多期次喷发的特点。就其分布规模大小而论，从早到晚，火山活动呈现出弱—强—弱、并趋于衰竭的特点。最早的火山喷发活动发生在中新世—上新世，形成了呈半环状分布的石门沟村组、石马村组火山岩。上新世火山活动减弱，以夹层状产于海口组中。中、晚更新世火山喷发活动达到高峰，呈中心式群体喷发，形成了多文组、道堂组大面积东西向展布的玄武岩岩被，火山口呈北西向排列，反映了在东西向构造控制背景下，沿北西向断裂喷发的活动特征。全新世，火山活动具有局部性，仅发生于峨蔓、石山一带，呈中心式群体喷发，其火山口排列方向亦为北西向，明显受北西向断裂的制约。

### 3. 地壳差异升降

区域地壳升降运动明显，具间歇性上升运动特征，导致新近系与第四系间以及第四系内部存在多个不整合接触。新近系除局部见到火山岩出露地表外（海口金牛岭地区），大部分被第四系覆盖而呈隐伏状产出，表明新近纪晚期—第四纪早期地壳的沉降幅度和海侵的规模最大。区内发育海积和河积阶地、湖成地貌、火山岩台地地貌，火山岩台地地貌分布于区内中部、西南部和东南部的大部分地区，海积阶地分布于沿海一带，河积阶地见于南渡江两侧，南渡江边的一级阶地高出海平面2~15m。宏观地貌和重复水准测量资料都显示了区内地壳运动不均衡的特点。

### 4. 地震

据 1463—1834 年间不完全统计，区域内发生过 13 次有感地震，多集中在东部。1605 年在海口美兰发生了 7.5 级大地震，造成 72 个村庄沉陷和 3300 人死亡，是华南地区有记载以来死亡人数最多、破坏最严重的一次大地震，震中位于东部塔市附近，发震断裂主要是近东西向的富昌-群善村断裂，其次是北西向断裂，两断裂的交汇处即震中。区域地震活动与东西向和北西向断裂有关，结合地震等值线呈东西向展布的特点，显示东西向断裂起着发震、控震构造的作用。

## 二、岩石地层

区域出露地层主要为新近系和第四系，旧州东南部出露少量下白垩统鹿母湾组砂岩，东寨港以东的文昌一带出露志留纪和三叠纪侵入岩（图 3-5）。

图 3-5　区域地质简图

1—第四系冲洪积细砂、中粗砂和含砂粉质黏土；2—上全新统烟墩组粉细砂、中粗砂、黏土、淤泥质黏土、淤泥质砂；3—中全新统琼山组中粗砂、粉细砂、粉质黏土、淤泥质粉质黏土；4—下全新统石山组玄武质熔岩；5—上更新统八所组粉细砂、中砂及含细砾中粗砂；6—上更新统道堂组火山碎屑岩、基性火山熔岩、沉火山碎屑岩；7—中更新统多文组橄榄玄武岩、辉石玄武岩；8—中更新统北海组含砾黏土质砂、粉细砂、含玻璃陨石砂砾；9—下更新统秀英组黏土、亚黏土、砂、砂砾；10—上新统海口组黏土、粉砂质黏土、贝壳碎屑岩、贝壳碎屑砂砾岩；11—中新统石马村组橄榄玄武岩与角砾凝灰岩互层；12—下白垩统鹿母湾组复成分砾岩、凝灰质砂岩、粉砂质泥岩；13—下志留统空列村组板岩、细砂岩、变质中细粒砂岩；14—下志留统陀烈组变质石英细砂岩、粉砂岩、绢云板岩；15—中三叠统琼中县中粒斑状（角闪）黑云二长花岗岩；16—中三叠统黎母岭粗中粒（巨）斑状角闪二长花岗岩；17—地层界线；18—推测断裂及编号；19—火山口；20—江东新区范围

## （一）地层

### 1. 古生界

下志留统陀烈组（$S_1t$）：主要分布于文昌市湖山乡北部，岩性主要为变质石英细砂岩、粉砂质绢云板岩。

下志留统空列村组（$S_1k$）：主要在文昌市铺前大岭一带出露，岩性主要为板岩、细砂岩、变质中细粒砂岩。

### 2. 中生界

下白垩统鹿母湾组（$K_1l$）：主要分布于旧州东南部，岩性主要为复成分砾岩、凝灰质砂岩、粉砂质泥岩。

### 3. 新生界

（1）新近系

中新统石马村组（$N_1sm$）：分布于三门坡—东路以南，岩性主要为橄榄玄武岩与角砾凝灰岩互层。

中新统灯楼角组（$N_1d$）：隐伏于琼北盆地，岩性主要为绿-黄绿色粉细砂、含砾中粗砂、砂砾、含砾黏土质砂等，以普遍含有海绿石为特征，是琼北地区第3+4层孔隙承压水的含水层位。含水层顶板埋深12.51~173.5m，自南渡江以南的盆地边缘向东北部埋深逐渐增大。

上新统海口组（$N_2h$）：主要分布于南渡江以北的澄迈县—东山一带，是琼北地区分布最广的地层，以含贝壳为特征，是琼北最重要的地下水含水层。含水层顶板埋深4.5~75.0m，地层厚度为23.4~121.0m，总体自南向北埋深和厚度逐渐增大。根据沉积旋回及岩性岩相特征划分为4个岩性段：第一段（$N_2h^1$），岩性主要为黄褐、灰、灰绿色贝壳砂砾岩与砾岩互层，偶夹灰、灰白色粉砂岩或粉砂质泥岩，为琼北地区的第2承压含水层位；第二段（$N_2h^2$），岩性以灰、灰黑色黏土或泥岩为主；第三段（$N_2h^3$），岩性主要为灰、深灰色贝壳砂岩、贝壳碎屑、贝壳砾岩，局部相变为灰、灰黄色生物碎屑灰岩，为琼北地区的第1承压含水层位；第四段（$N_2h^4$），岩性主要为浅灰、灰色粉砂质黏土、黏土，含海绿石，呈硬塑状，具水平层理，上部偶夹灰、灰黑色凝灰岩、玄武岩。

（2）第四系

下更新统秀英组（$Qp^1x$）：隐伏于江东新区的大部分地区，东寨港以东局部地段有出露。为滨海潟湖相沉积层，平行不整合于上新统海口组（$N_2h$）之上，被中更新统冲洪积层（$Qp^2b$）、全新统海湾/潟湖沉积层（$Qh^2q$）、全新统海相沉积层（$Qh^3y$）平行不整合覆盖，岩性主要以黏土或粉质黏土为主，次为砂层、砂砾层、砾石层等，厚1.0~38.0m。

中更新统北海组（$Qp^2b$）：主要出露于文昌市铺前东北部、锦山—昌福圩一带和海口市府城-海秀乡、灵山镇东北部，以及长流镇、白莲镇西南部、瑞溪东北和西南部、东山东北和西南部、新坡一带。隐伏于全新统海湾/潟湖沉积层（$Qh^2q$）与海相沉积层（$Qh^3y$）之下，呈平行不整合接触，岩性以砂质黏土、砂、砂砾、砂质砾石互层，下部砾层往往含玻璃陨石或含铁质结核，厚度为1.1~17.0m。

中更新统多文组（$Qp^2d$）：主要出露于灵山—红旗—东路一带，地表多被玄武岩风化残积的粉质黏土所覆盖，下伏玄武岩，裂隙孔洞不发育。玄武岩风化残积层厚度为1.0~10m。

上更新统道堂组（$Qp^3d$）：主要出露于龙塘—十字路—遵谭和老城—美安—东山一带，岩性为火山碎屑岩、基性火山熔岩、沉火山碎屑岩。

上更新统八所组（$Qp^3bs$）：主要出露于长流东北部沿海一带，为一套海成阶地堆积物，岩性主要为灰白、褐黄、黄色粉细砂、中细砂，含黏土或黏土团块，厚度一般 1.5~22.0m。

全新统石山组（$Qh^1s$）：主要出露于石山—永兴一带，岩性为玄武质熔岩。

全新统琼山组（$Qh^2q$）：主要出露于东营—灵山、美兰区、海甸岛南部和南港-东水港靠内陆一带，为滨海潟湖相堆积与海相沉积层（$Qh^3y$），呈整合接触，岩性为粉细砂、含砾中粗砂、淤泥质砂、粉质黏土等，厚度为 2.0~13.0m。

全新统烟墩组（$Qh^3y$）：主要出露于北部沿海和文昌市铺前、罗豆圩、三江一带，岩性为滨海相堆积的粉细砂、含砾中粗砂、淤泥质砂、粉质黏土等，厚度为 2.2~12.4m。

全新统未分（Qh）：主要分布于南渡江两岸和司马坡岛、新埠岛，在文昌市罗豆圩一带大面积出露，为冲洪积成因的细砂、中粗砂、粉质黏土和含砂粉质黏土，厚度为 1.3~29.0m。

#### （二）火山岩

区域广泛分布新生代火山岩，新生代是区内火山活动的强盛时期，自古近纪始新世以来，曾发生过多期、多次火山活动，火山喷发时断时续，一直延至第四纪全新世。新近纪火山岩除海口市金牛岭出露于地表外，大部分隐伏于地下；第四纪火山岩则广泛出露于地表并形成大面积的玄武岩岩被和众多的火山锥。新生代火山岩大部分为火山熔岩（玄武岩类）和火山碎屑岩，部分为沉火山碎屑岩。

#### （三）侵入岩

主要分布于区域内大致坡镇和文昌市铺前大岭地区，为三叠纪侵入的中酸性花岗岩类，主要矿物成分为钾长石、斜长石、石英。

## 第三节　工程地质条件

### 一、工程地质层（组）

以 1∶5 万区域地质调查的测年数据、收集的海口江东新区 6592 个工程地质钻孔、131 个水文地质钻孔、本次施工的 264 个钻孔的工程地质分层数据为基础，依据江东新区基础地质结构研究成果，综合分析岩土体地质年代与沉积环境、岩性与工程性质、空间展布等特征，对江东新区 100m 深度范围内的岩土层按工程地质层组、层、夹层三级进行划分，共划分为 9 个工程地质层组（层组编号 0~8）、34 个工程地质层、17 个工程地质夹层。具体各层组、层及夹层的基本特征见表 3-2。各工程地质层组特征分述如下：

1）第 0 工程地质层组：一般为素填土（$Q^{ml}$），主要分布于江东新区的海岸防波堤、河岸防洪堤、水库大坝、江东大道、白驹大道、鱼虾养殖塘、部分生活区等区域（图 4-9）。填土由天然土经人为扰动和搬运堆填组成，主要由粉质黏土、中细砂、碎石块等组成，干—稍湿，松散—稍密状，土质不均匀。填土厚度最大位于水库大坝，一般大于 4.0m，总体厚度在 0.30~9.20m，平均 1.75m，层顶标高 0.30~9.20m。

2）第 1 工程地质层组：小范围分布于江东新区的南渡江沿岸上，为第四系全新统（Qh）松散沉积物，岩性一般具二元结构，颗粒自上而下逐渐增大。据钻孔资料，区内岩性主要以褐黄色、浅灰色粉质黏土、中粗砂、粉细砂、砾砂为主，局部夹深灰色、灰黑色淤泥质粉质黏土。层厚 3.00~14.80m，平均 7.56m；层顶标高 3.13~7.11m，平均 4.68m；层顶埋深 3.13~7.11m，平均 4.68m。

3）第 2 工程地质层组：分布于江东新区的东营西北—振家社区以北沿海沙堤一带及桂林洋经济开发区—五一社区—迈进社区以北地区，为全新统烟墩组海岸相沉积，岩性主要为浅灰色、灰黄色、灰白色粉细砂、中粗砂，普遍含贝壳碎屑，局部夹粉质黏土或淤泥质粉质黏土，剖面上呈现两个沉积旋回，粉细砂和中粗砂交互出现。地貌上构成滨海平原的上部，并组成沿海沙堤、阶地等。该层组在区域上厚度变化较大，最大厚度集中于起步区—振家社区一带，部分地段厚度大于 16m，往西北和东南两侧逐渐减薄。层厚 0.80～22.60m，平均 9.14m；层顶标高－3.50～17.55m，平均 2.36m；层顶埋深 0.00～9.20m，平均 0.98m。

4）第 3 工程地质层组：分布于群山村—红丰村—大昌村以西、南渡江以东大片地区。为全新统琼山组滨海潟湖-冲洪积相沉积，岩性主要为浅灰、灰黑、灰黄、灰白色粉质黏土、淤泥质粉质黏土、粉细砂、中粗砂、含卵石砾石，其中淤泥质粉质黏土部分地段夹有粉细砂或中粗砂，地貌上主要呈现河流出海口三角洲平原区，沿海一带表现为滨海堆积平原区。该层组在区域上厚度起伏较大，呈分散式集中，揭露最大厚度为 39.8m。层厚 0.40～39.80m，平均 19.52m；层顶标高－8.80～7.77m，平均 1.89m；层顶埋深 0.00～10.80m，平均 1.63m。

**表 3-2　江东新区工程地质标准层划分一览表**

| 年代地层 | | 岩石地层 | | 沉积相 | 工程地质层 | | | 定名 | 颜色 |
|---|---|---|---|---|---|---|---|---|---|
| | | 组 | 代号 | | 层组 | 层 | 夹层 | | |
| 第四系 | 全新统 | | $Q^{ml}$ | 人工填土 | 0 | 0 | | 填土 | |
| | | 未分 | Qh | 冲洪积相 | 1 | 1-1 | | 粉质黏土 | 褐、褐黄色 |
| | | | | | | 1-2 | | 粉细砂 | 灰黄色 |
| | | | | | | | 1-2a | 淤泥质粉质黏土 | 灰黑—深灰色 |
| | | | | | | 1-3 | | 中粗砂 | 灰白、灰黄色 |
| | | | | | | 1-4 | | 砾砂 | 灰白、灰黄色 |
| | | 烟墩组 | $Qh^3y$ | 海岩相 | 2 | 2-1 | | 粉细砂 | 灰白、灰黄色 |
| | | | | | | | 2-1a | 粉质黏土 | 灰黑—深灰色 |
| | | | | | | | 2-1b | 淤泥质粉质黏土 | 灰黑—深灰色 |
| | | | | | | 2-2 | | 中粗砂 | 灰黄、灰白色 |
| | | | | | | 2-3 | | 粉细砂 | 灰、灰黄色 |
| | | | | | | | 2-3a | 淤泥质粉质黏土 | 灰黑、深灰色 |
| | | | | | | | 2-3b | 粉质黏土 | 浅灰、棕黄色 |
| | | | | | | 2-4 | | 中粗砂 | 浅灰、灰黄、灰白色 |
| | | | | | | | 2-4a | 粉质黏土 | 浅灰、灰色 |
| | | 琼山组 | $Qh^2q$ | 滨海潟湖相 | 3 | 3-1 | | 粉质黏土 | 浅灰、棕黄色 |
| | | | | | | 3-2 | | 粉细砂 | 灰白、灰黄色 |
| | | | | | | 3-3 | | 中粗砂 | 灰黄、灰白色 |
| | | | | | | 3-4 | | 淤泥质粉质黏土 | 灰黑—深灰色 |
| | | | | | | | 3-4a | 中粗砂 | 灰白、灰黄色 |
| | | | | | | | 3-4b | 粉细砂 | 灰—深灰色 |
| | | | | | | 3-5 | | 粉质黏土 | 深灰—浅灰色 |
| | | | | | | 3-6 | | 粉细砂 | 灰黄色 |
| | | | | | | 3-7 | | 中粗砂 | 灰、灰黄色 |
| | | | | 冲洪积相 | 3-8 | | | 砾砂 | 灰白、灰黄、褐黄色 |

续表

| 年代地层 | | 岩石地层 | | 沉积相 | 工程地质层 | | | 定名 | 颜色 |
|---|---|---|---|---|---|---|---|---|---|
| | | 组 | 代号 | | 层组 | 层 | 夹层 | | |
| 第四系 | 中更新统 | 多文组 | $Qp^2d$ | 喷发-溢流相 | 4 | 4-1 | | 粉质黏土 | 浅灰、红褐色 |
| | | | | | | | 4-1a | 中风化玄武岩 | 灰、褐灰色 |
| | | | | | | 4-2 | | 碎石土 | 灰、褐灰色 |
| | | | | | | 4-3 | | 中风化玄武岩 | 灰、褐灰色 |
| | | 北海组 | $Qp^2b$ | 冲洪积相 | 5 | 5-1 | | 粉质黏土 | 浅灰、褐黄红色 |
| | | | | | | 5-2 | | 中粗砂 | 灰白、褐黄红色 |
| | 下更新统 | 秀英组 | $Qp^1x$ | 湖泊河流相 | 6 | 6-1 | | 黏土 | 灰白、红褐色 |
| | | | | 滨海潮坪相 | | | 6-1a | 粉细砂 | 灰白、红褐色 |
| | | | | | | | 6-1b | 中粗砂 | 灰白、灰黄色 |
| | | | | | | 6-2 | | 粉质黏土与粉细砂互层 | 灰白、红褐色 |
| | | | | | | | 6-2a | 中粗砂 | 橘黄、灰白色 |
| | | | | | | 6-3 | | 中粗砂 | 灰绿、灰黄色 |
| 新近系 | 上新统 | 海口组 | $N_2h^4$ | 浅海相 | 7 | 7-1 | | 粉质黏土 | 灰—深灰色 |
| | | | | | | | 7-1a | 粉细砂 | 浅灰白、褐黄色 |
| | | | $N_2h^3$ | 滨海相 | | 7-2 | | 贝壳碎屑砂 | 灰白、褐黄色 |
| | | | | | | | 7-2a | 粉质黏土 | 灰—深灰色 |
| | | | $N_2h^2$ | 滨浅海相 | | 7-3 | | 粉质黏土 | 灰—深灰色 |
| | | | | | | | 7-3a | 贝壳碎屑砂 | 灰白、褐黄色 |
| | | | $N_2h^1$ | 滨海相 | | 7-4 | | 贝壳砂砾岩 | 浅灰白、褐红色 |
| | | | | | | | 7-4a | 粉质黏土 | 灰色 |
| | 中新统 | 灯楼角组 | $N_1d$ | 浅海相 | 8 | 8-1 | | 粉质黏土 | 灰—深灰色 |
| | | | | | | 8-2 | | 中粗砂 | 灰—灰绿色 |
| | | | | | | | 8-2a | 粉细砂与粉质黏土 | 灰、灰绿色 |
| | | | | | | 8-3 | | 粉质黏土与粉细砂互层 | |

5）第 4 工程地质层组：广泛出露于灵山镇—桂林洋开发区—塔市村以南广大地区。地貌上形成火山岩台地。为中更新世多文岭期、东英期形成的一套基性火山熔岩，岩性划分为上、下段。上、下段之间存在喷发间断，表现为二者风化程度及红土化程度存在明显差异，上段风化程度弱，未见红土化现象，下段风化程度强，普遍见红土化现象，红土化层一般厚 2~10m 不等。据钻孔资料，本区岩石普遍红土化，岩性以粉质黏土、含角砾粉质黏土及强风化、中风化玄武岩为主。层厚 0.50~25.00m，平均 6.79m；层顶标高-1.35~32.89m，平均 12.94m；层顶埋深 0.00~6.20m，平均 0.41m。

6）第 5 工程地质层组：出露于桂林洋经济开发区周边部分地段，为中更新统冲洪积相沉积。该组岩性比较稳定，可分为两个岩性段。上部岩性为橘黄、棕红、褐红色粉质黏土、砂质黏土、含铁质结核；下部为黏质砂、砂砾、砾石层，常含玻璃陨石和铁质结核，偶见不明显的斜层理。砾石成分有石英、变质岩、玄武岩等碎屑，砾石磨圆度差，分选性不好。层厚 0.50~10.80m，平均 4.56m；层顶标高-6.05~11.09m，平均 3.84m；层顶埋深 0.00~12.00m，平均 2.81m。

7）第 6 工程地质层组：隐伏于江东新区大部分地区，为早更新世滨海潮坪相沉积，由 1~3 个韵律组成。岩性中上部以灰、青灰色页状黏土层或粉质黏土层为主，夹浅灰色砂和砾石层，顶部往往有褐铁矿层，具古风化壳特征。下部为浅灰色砾石层、砂砾层和砂层。层厚0.25~27.70m，平均8.24m；层顶标高-34.51~18.75m，平均-3.11m；层顶埋深0.00~39.80m，平均10.76m。底部以含砾中粗砂与海口组页状黏土呈平行不整合接触，顶部以杂色黏土或铁质层与北海组含砾粗砂呈平行不整合接触，局部地带为多文组火山岩覆盖。

8）第7工程地质层组：隐伏于整个江东新区，为上新世海相沉积层。根据沉积旋回及岩性岩相特征划分为4个岩性段，顶部以硬塑状薄层灰色黏土与上覆秀英组砂砾层平行不整合接触，底部以含贝壳砂砾岩与下伏灯楼角组整合接触。岩石以半成岩、半松散为主和含较多贝壳为特征，是琼北最重要的地下水含水层。从土层分布空间分析，该工程地质层组自东往西、由南向北倾斜，厚度也随之增加。揭露层厚29.16~86.15m，平均60.49m；层顶标高-42.40~12.90m，平均-12.56m；层顶埋深4.60~44.40m，平均19.58m。

9）第8工程地质层组：隐伏于整个江东新区，为中新统灯楼角组海相沉积。岩性为灰、灰绿色粉质黏土、粉细砂与粉质黏土互层、中粗砂。本次勘探孔未揭穿，揭露层顶标高-93.79~-27.21m，平均-62.87m；层顶埋深44.76~99.40m，平均77.90m。

## 二、场地土类型与场地类别

依据《建筑抗震设计规范》（GB 50011—2016）附录A第A.0.19条第1款，海口地区的建筑抗震设防烈度为Ⅷ度、设计基本地震加速度值为0.30*g*，所属设计地震分组为第二组。

### （一）场地土类型

根据钻孔剪切波速数据统计：0、2-1a、2-1b工程地质层（夹层）属软弱土；2-1、2-2、2-3a、3-1、3-3、3-4、4-1工程地质层（夹层）属软弱土—中软土；2-3、2-3b、2-4、2-4a、3-2、3-4a、3-4b、3-5、4-2、5-1、5-2、6-2a工程地质层（夹层）属中软土；3-6、3-7、6-1、6-1a、6-1b、6-2工程地质层（夹层）属中软土—中硬土；6-3工程地质层属中硬土；3-8、7-1、7-2工程地质层（夹层）属中软土—坚硬土；7-1a、7-2a、7-3工程地质层（夹层）属中硬土—坚硬土；7-3a、7-4a、8-2a、8-3、8-4、8-4a工程地质层（夹层）属坚硬土；8-1、8-2工程地质层属坚硬土—岩石；4-3、7-4工程地质层属软质岩石。

### （二）场地类别

#### 1. 场地覆盖层厚度

一般情况下，按地面至剪切波速大于500m/s且下卧各层岩土的剪切波速均不小于500m/s的土层顶面的距离确定为单孔覆盖层厚度。根据江东新区31个钻孔剪切波速数据，进行单孔剪切波速覆盖层厚度计算，结果如图3-6所示，江东新区场地覆盖层厚17.0~48.0m。

#### 2. 等效剪切波速

根据钻孔剪切波速试验结果，江东新区场地等效剪切波速为152~234m/s，其场地等效剪切波速等值线见图3-7。

#### 3. 场地类别

江东新区场地等效剪切波速为152~234m/s，场地覆盖层厚度为17.0~48.0m。根据目前工作精度初步判定海口江东新区建筑场地类别为Ⅱ类，但在儒房村—东营一带，淤泥质软弱土厚度较大，等效剪切波速接近150m/s，场地覆盖层厚40~50m，该区域建筑场地类别接近Ⅲ类。另外，受本次勘查精度影响，可能局部场地类别与本次结论有出入，后期进行场地工程地质勘察时应进一步判定建筑场地类别。

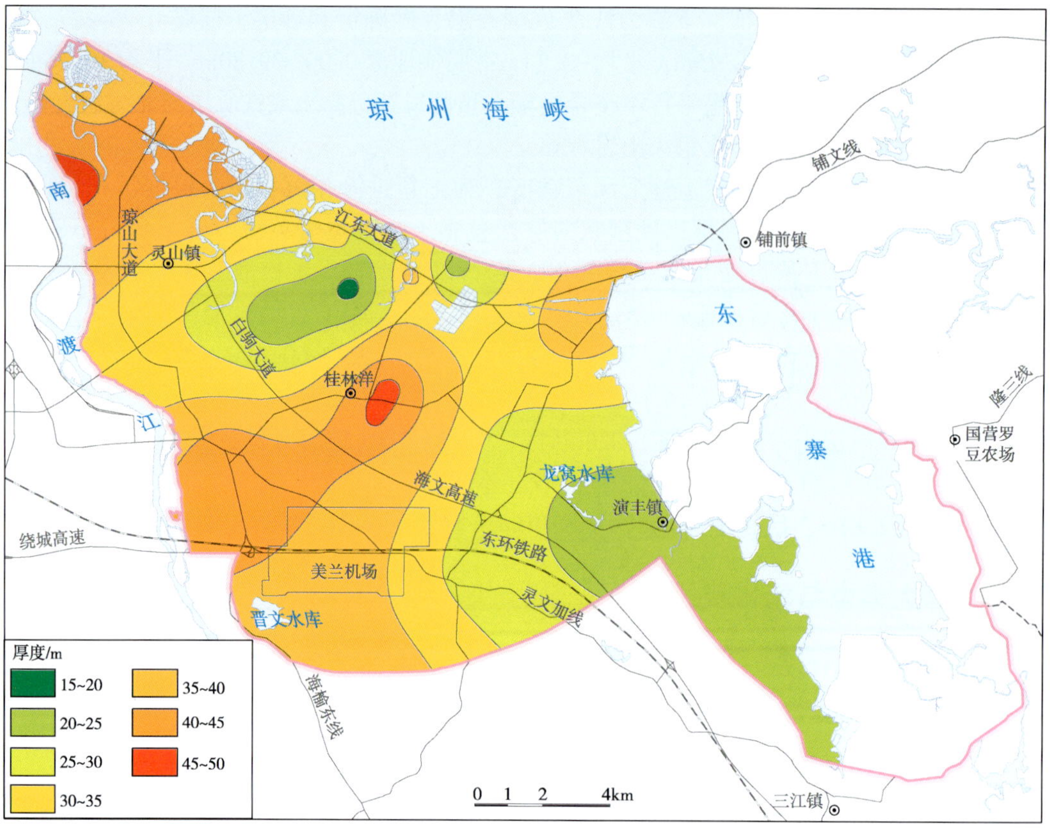


图 3-6　场地覆盖层厚度等值线图

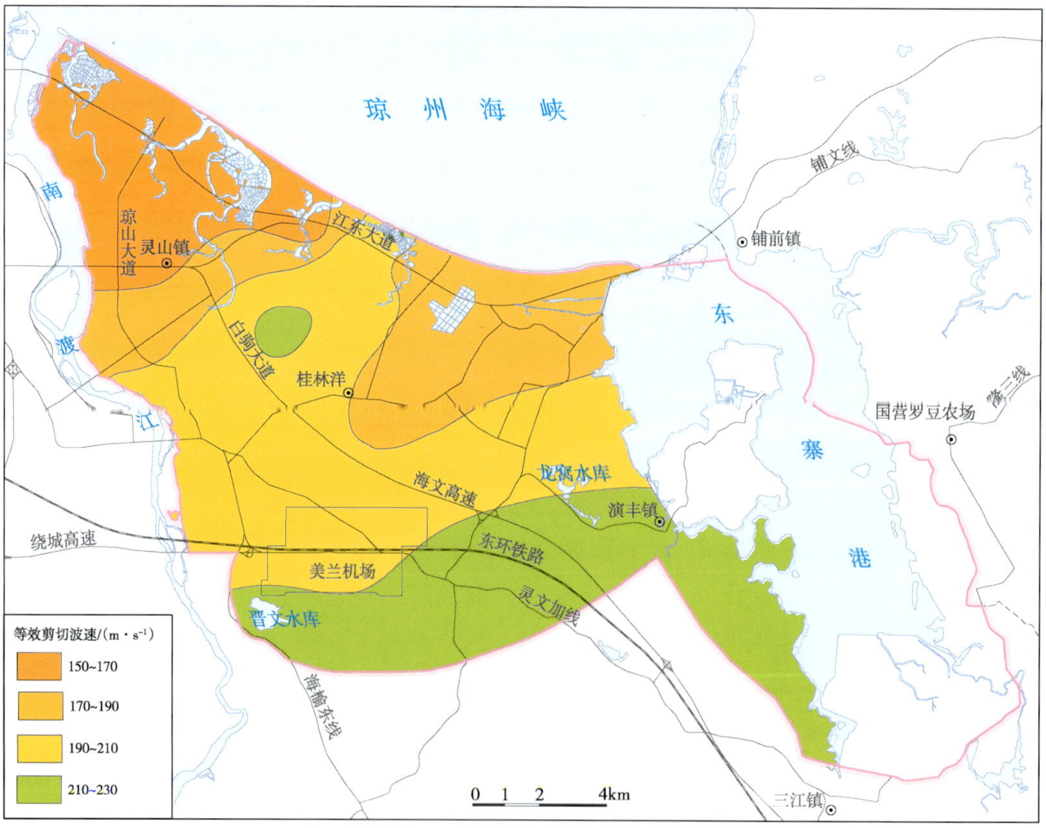


图 3-7　场地等效剪切波速等值线图

## 三、工程地质分区

江东新区可划分为5个工程地质区（滨海堆积平原区、河口三角洲平原区、河流一级阶地区、冲洪积平原区、火山岩台地区）和5个工程地质亚区（滨海沉积砂类土亚区、海积阶地砂黏土亚区、海湾沉积黏性土亚区、河口三角洲沉积黏性土亚区、河口三角洲沉积砂类土亚区）（表3-3；图3-8）。

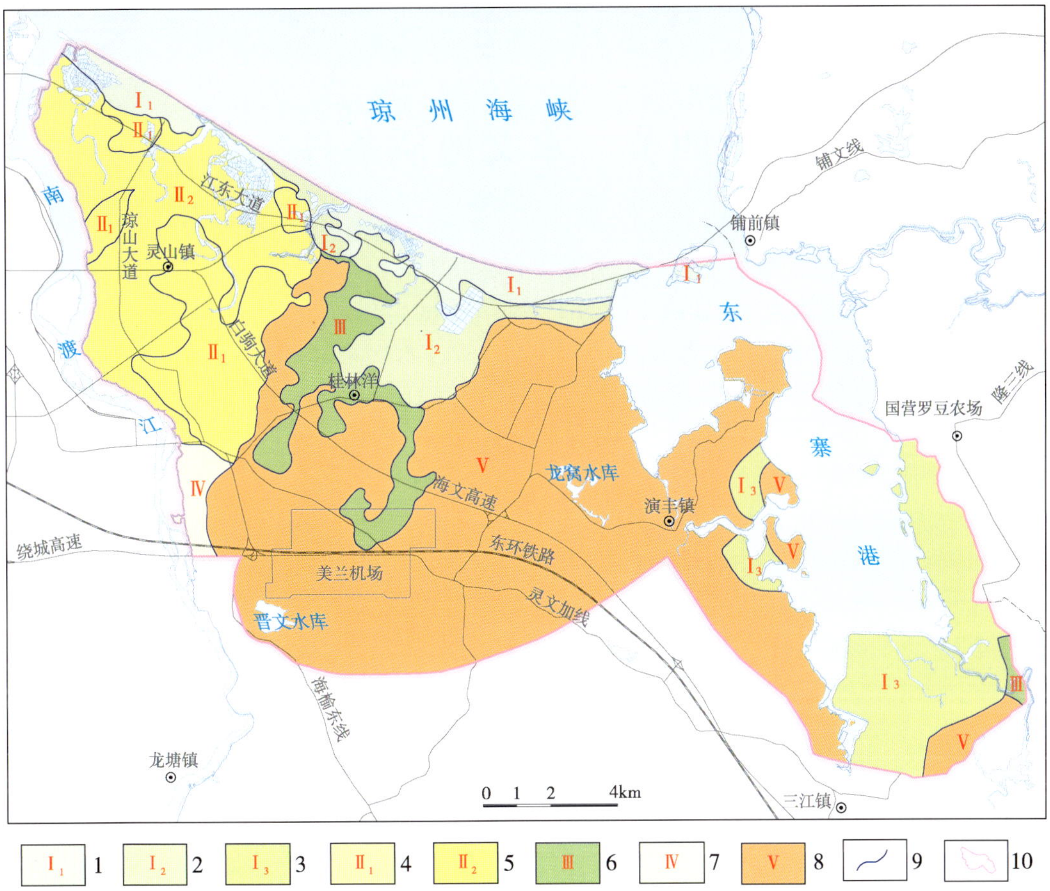


图3-8 工程地质分区图

1—滨海沉积砂类土亚区；2—海积阶地砂黏土亚区；3—海湾沉积黏性土亚区；4—河口三角洲沉积黏性土亚区；5—河口三角洲沉积砂类土亚区；6—河流一级阶地区；7—冲洪积平原区；8—火山岩台地区；9—工程地质分区界线；10—江东新区范围

各分区中6-1工程地质层及其以下工程地质层承载力较高，是良好的地基土，一般可作为多层、高层建筑基础或桩基持力层；1-5、2-1、2-2、2-3、2-4、3-1a、3-2、3-3、3-4a、3-4b、3-6、3-7、3-8工程地质层均为液化砂土，2-1b、2-3a、3-1工程地质层（夹层）为震陷软土，不宜直接作为基础持力层，需采取消除液化、震陷的地基处理措施。

**表3-3 工程地质分区表**

| 工程地质区 | 工程地质亚区 | 代号 | 浅层地基土（<5m） |
|---|---|---|---|
| 滨海堆积平原区（Ⅰ） | 滨海沉积砂类土亚区 | $Ⅰ_1$ | 砂类土 |
| | 海积阶地砂黏土亚区 | $Ⅰ_2$ | 砂、黏土 |
| | 海湾沉积黏性土亚区 | $Ⅰ_3$ | 粉土、黏性土 |

续表

| 工程地质区 | 工程地质亚区 | 代号 | 浅层地基土（<5m） |
|---|---|---|---|
| 河口三角洲平原区（Ⅱ） | 河口三角洲沉积黏性土亚区 | Ⅱ1 | 黏性土 |
| | 河口三角洲沉积砂类土亚区 | $Ⅱ_2$ | 砂类土 |
| 河流一级阶地区（Ⅲ） | | Ⅲ | 砂类土 |
| 冲洪积平原区（Ⅳ） | | Ⅳ | 黏土质砂 |
| 火山岩台地区（Ⅴ） | | Ⅴ | 玄武岩残坡积粉质黏土 |

# 第四节　水文地质条件

依据《水文地质手册》地下水类型（大类）划分基准，以收集的海口江东新区 133 个工程地质钻孔、131 个水文地质钻孔、本次施工的 264 个钻孔数据为基础，综合考虑地下空间开发过程中地下水因素的影响以及当前地下水资源开发利用的需求，本次水文地质标准层划分主要考虑地下 200m 深度范围内。而本次在江东新区 100m 深度范围内已划分的 9 个工程地质层组（层组编号 0~8）的基础上，再对 100~200m 深度范围内，增加划分 3 个工程地质层组（层组编号 9~11），每一层组都具有典型的岩性结构特征。将江东新区地下空间 200m 深度范围内水文地质标准层共划分为 3 个水文地质大层组（层组编号Ⅰ~Ⅲ）、9 个水文地质层，各层组、层的基本特征见表 3-4。

**表 3-4　海口江东新区水文地质层划分一览表**

| 地下水类型 | 含水层（岩组） | 水文地质层代号 | 地层代号 | 主要岩性 | 对应工程地质层（夹层）层号 |
|---|---|---|---|---|---|
| 松散岩类孔隙潜水（Ⅰ） | 滨海堆积层孔隙潜水含水层 | $Ⅰ_1$ | $Qh^3y$ | 中粗砂 | 2-1、2-2、2-3、2-4、 |
| | 河流冲洪积层孔隙潜水含水层 | $Ⅰ_2$ | Qh、$Qh^2q$、$Qp^2b$ | 中粗砂、砾砂 | 1-2、1-2a、1-4、3-2、3-3、3-4a、3-4b、3-6、3-7、3-8、5-2、 |
| | 海陆交汇相沉积层含水层 | $Ⅰ_3$ | $Qp^1x$ | 中粗砂 | 6-1a、6-1b、6-2a、6-3 |
| 松散—半固结岩类孔隙承压水（Ⅱ） | 第 1 承压含水层 | $Ⅱ_1$ | $N_2h^4$、$N_2h^3$ | 贝壳碎屑砂 | 7-1a、7-2 |
| | 第 2 承压含水层 | $Ⅱ_2$ | $N_2h^2$、$N_2h^1$ | 贝壳砂砾岩 | 7-3a、7-4 |
| | 第 3+4 承压含水层 | $Ⅱ_{3+4}$ | $N_1d$ | 中粗砂 | 8-2、8-4 |
| | 第 5 承压含水层 | $Ⅱ_5$ | $N_1j$ | 中粗砂 | 9-2、9-4 |
| | 第 6+7 承压含水层 | $Ⅱ_{6+7}$ | $N_1x$ | 中粗砂 | 10-2、10-4 |
| 基岩裂隙水（Ⅲ） | 火山岩类孔洞裂隙水含水岩组 | $Ⅲ_1$ | $Qp^2d$ | 碎石土、玄武岩 | 4-2、4-3 |

## 一、含水层特征

### （一）松散岩类孔隙潜水含水层

松散岩类孔隙潜水主要赋存于江东新区的第四系松散沉积层中，包括了海岸相沉积、海陆交汇相沉积、河流冲洪积相沉积，因此松散岩类孔隙潜水含水层包括了滨海堆积层孔隙潜水含水层、河流冲洪积层孔隙潜水含水层以及海陆交汇相沉积层含水层三种含水层类型。

### 1. 滨海堆积层孔隙潜水含水层

主要分布于东营西北部以及桂林洋开发区以北的沿海一带，在区域地层上为烟墩组（$Qh^3y$）分布地区，属于2工程地质层组的2-2、2-3、2-4工程地质层。岩性主要为浅灰、灰黄、灰白色中粗砂，普遍含贝壳碎屑，部分区域为粉细砂，层厚0.6~12.5m，平均厚8.91m。

### 2. 河流冲洪积层孔隙潜水含水层

主要分布于江东新区的南渡江沿岸、灵山镇西北大部以及桂林洋开发区周边小范围内，在区域地层上为第四系全新统（Qh）、琼山组（$Qh^2q$）以及北海组（$Qp^2b$）分布地区，属于1、3、5工程地质层组的1-2、1-2a、1-4、3-2、3-3、3-4a、3-4b、3-6、3-7、3-8、5-2工程地质层（夹层）。岩性为浅灰、灰黄、灰白、褐黄色中粗砂，在南渡江沿岸地带多为砾砂，部分区域为粉细砂，层厚0.8~21.40m，平均4.32m，南渡江沿岸厚度一般大于5m。

### 3. 海陆交汇相沉积层含水层

隐伏于灵山镇以东大部分地区，为早更新世滨海潮坪相沉积。在区域地层上为秀英组（$Qp^1x$）分布地区，属于6工程地质层组的6-1a、6-1b、6-2a、6-3工程地质层（夹层）。岩性主要为灰白、灰、灰黄色中粗砂，粉细砂零星分布，层厚0.7~9.90m，平均3.6m。

松散岩类孔隙潜水含水层总厚度一般5~30m，最大可达49.31m，水位埋深0.0~16.5m，渗透系数1.4~42.1m/d，大部分地区单孔涌水量183~1407m³/d，极个别地方单孔涌水量小，但也达到96m³/d（图3-9），总体上富水性中等。

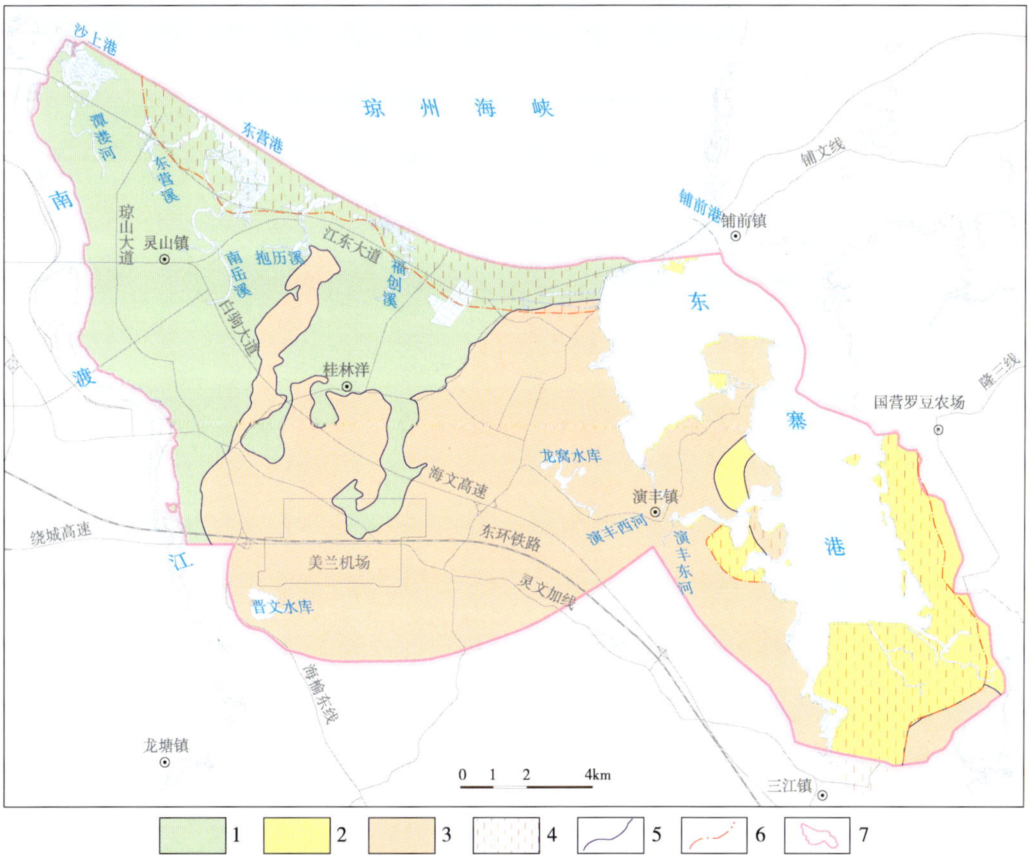


图3-9　潜水-火山岩类孔洞裂隙水水文地质略图

1—松散岩类孔隙潜水（水量中等）；2—松散岩类孔隙潜水（水量贫乏）；3—火山岩类孔洞裂隙水（水量贫乏）；4—微咸水分布区；5—地下水类型分区界线；6—微咸水分布区界线；7—江东新区范围

## （二）火山岩类孔洞裂隙水含水岩组

火山岩类孔洞裂隙水主要赋存于第四纪中更新世全—强风化玄武岩中，在碎石土中同样赋存有少量地下水。玄武岩多呈气孔-微孔状构造，裂隙较发育，碎石土多含大量强风化玄武岩碎块。

火山岩类孔洞裂隙水分布在江东新区南渡江东岸灵山—云龙、三江、演丰一带的火山岩台地区，但是其下伏玄武岩基岩仅在演丰镇东南一带小范围内分布，玄武岩厚度为 1.0~20.7m，其他地区多为玄武岩风化残积的碎石土。含水岩组顶板埋深 1.8~11.1m，厚 1.6~16.6m；水位埋深一般 0.5~14.0m，涌水量一般小于 100m³/d，总体上富水性贫乏。

## （三）松散—半固结岩类孔隙承压含水层

琼北盆地东—演丰东寨港一带，往西可达澄迈马村、白莲一带，南部边缘接近海口红旗—澄迈金江一带，自新近纪以来不断接受沉积形成了一套连续稳定的地层。根据已收集到的钻孔资料及地下水埋藏条件，琼北盆地海口地区在 100m 深度范围内可划分 8 个承压含水层，第 1、第 2 承压含水层之间有分布较为稳定的黏性土层，第 3、第 4 承压含水层间的隔水层分布很不稳定，常见两层地下水连通，故本次将第 3、第 4 承压含水层归并为第 3+4 承压含水层。第 5—8 承压含水层为温热水层，其埋深基本超过了 500m，而本项目工作深度范围主要在 200m 内，因此第 5—8 承压含水层不作为本项目工作研究对象。各承压含水层结构特征分述如下：

### 1. 第 1 承压含水层

第 1 承压含水层主要属于海口组第三段（$N_2h^3$），岩性主要为灰、灰白、灰黄色贝壳碎屑砂，局部胶结成岩，孔隙较发育，硬度较低。平面上在江东新区大面积分布（图 3-10）。此外，海口组

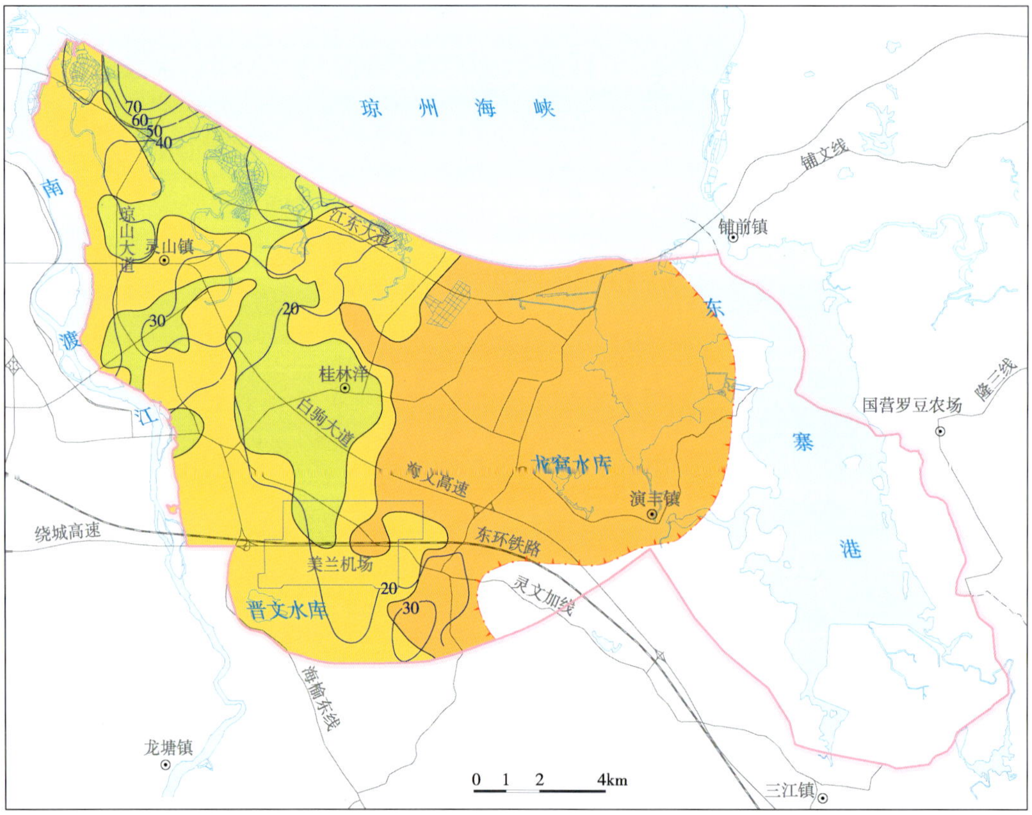


图 3-10 第 1 承压含水层厚度分布图

1—小于 10m；2—10~15m；3—15~20m；4—含水层顶板埋深等值线（m）；5—含水层边界线；6—江东新区范围

第四段（$N_2h^4$）普遍为粉质黏土或黏土，但是在局部地区岩性则为贝壳碎屑砂，并与海口组第三段承压含水层有较密切的水力联系，因此将其归并为第1承压含水层。该含水层顶板埋深20~96m，总体上由东南盆地边缘往西北盆地中心方向埋深逐渐变大，东营一带埋超过50m。含水层厚度一般在10~40m，钻孔揭露最厚可达49m。该层含水层厚度变化较为复杂，但是总体与含水层顶板埋深规律大致相同，往西北方向含水层厚度逐渐变大，往东至琼北盆地边缘方向逐渐变小直至尖灭，含水层上覆的隔水层岩性以粉质黏土、黏土为主。

第1层承压水水位埋深1.73~13.2m，向西北埋深逐渐增大。灵山镇北部小范围内富水性丰富，单孔涌水量1259~2315$m^3/d$，导水系数34.79~133.75$m^2/d$。而灵山镇东南部小范围内则富水性贫乏，单孔涌水量不超过28.4$m^3/d$，导水系数不超过10$m^2/d$。其他地区该含水层富水性中等，单孔涌水量108~867$m^3/d$，导水系数9.82~202$m^2/d$（图3-11）。

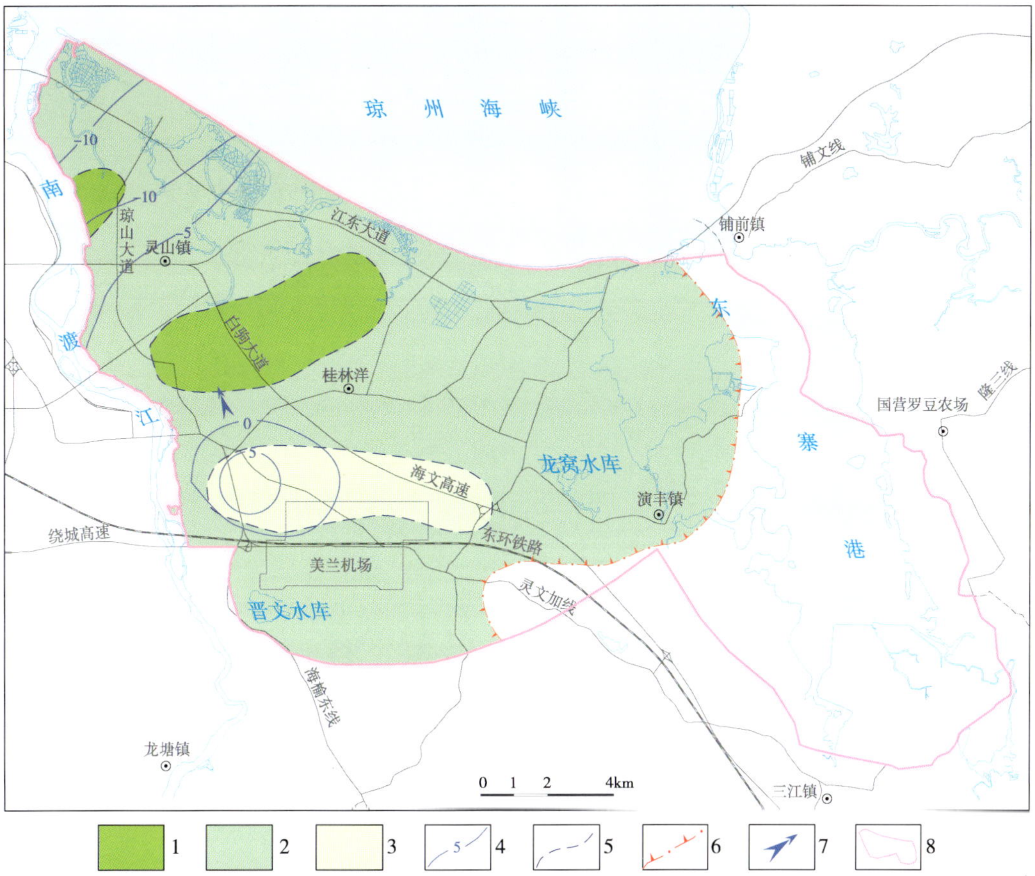


图3-11　第1层承压水富水性分区图

1—水量丰富，单井涌水量大于1000$m^3/d$；2—水量中等，单井涌水量100~1000$m^3/d$；3—水量贫乏，单井涌水量小于100$m^3/d$；4—承压水等水压线，数字为水位标高（m）；5—富水性分区界线；6—承压含水层边界线；7—承压水流向；8—江东新区范围

### 2. 第2承压含水层

该含水层主要属于海口组第一段（$N_2h^1$），江东新区的大部分地区都有分布（图3-12），为海口地区内地下水主要开采层位。含水层岩性为褐黄、浅肉红色贝壳砂砾岩，以半固结为主，部分呈松散状，钙质胶结为主，贝壳碎屑结构，孔隙和孔洞发育。在盆地边缘该含水层底部岩性为砂卵砾石层，部分区域层间夹粉质黏土。此外，海口组第二段（$N_2h^2$）岩性为粉质黏土，为隔水层，但在局部地区岩性相变为贝壳碎屑砂，并与海口组第一段承压含水层有较密切的水力联系，因此将其

归并为第 2 承压含水层。含水层顶板埋深一般 30~130m，从东南向西北埋深逐渐增大。含水层厚度一般在 20~50m，最厚达 57.7m。

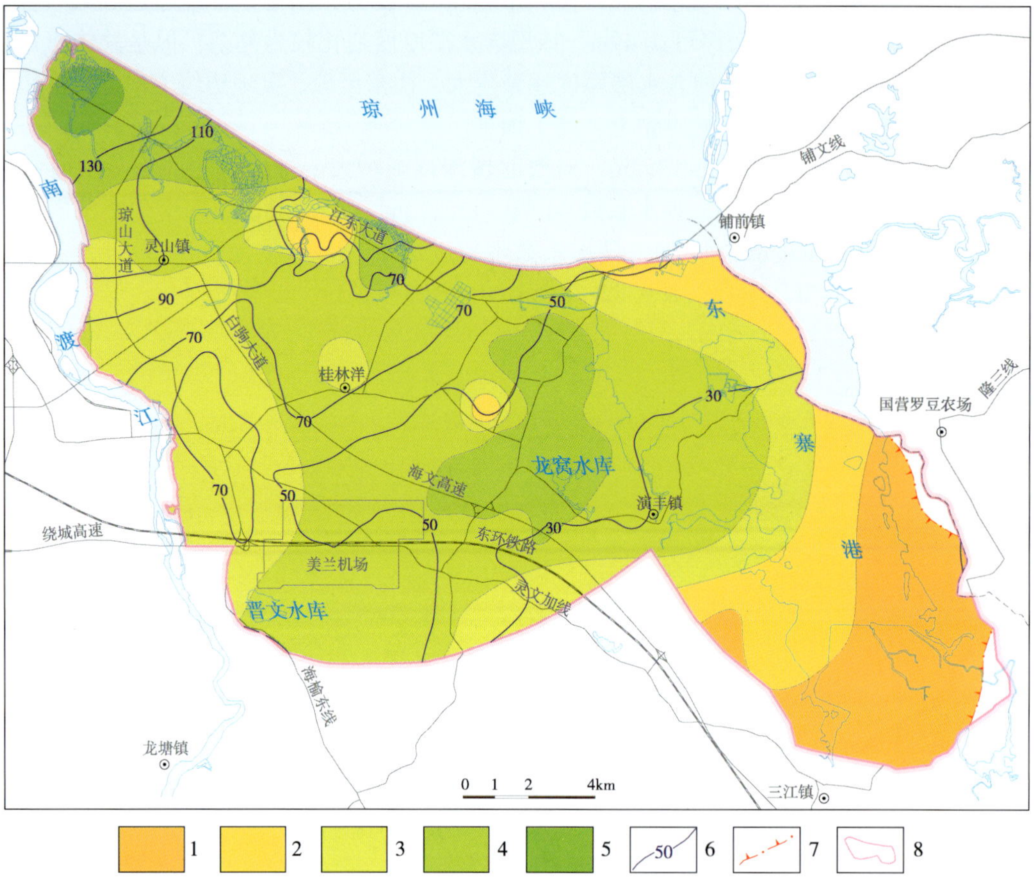


图 3-12　第 2 承压含水层厚度分布图

1—小于 10m；2—10~20m；3—20~30m；4—30~40m；5—大于 50m；6—含水层顶板埋深等值线（m）；7—含水层边界线；8—江东新区范围

第 2 层承压水水位埋深 6.42~24.07m，向西北埋深逐渐增大。在江东新区中部一带富水性中等，钻孔涌水量 321~774m$^3$/d，导水系数 21~758m$^2$/d；其他区域内该含水层水量丰富，钻孔涌水量 1665~9394m$^3$/d，导水系数 117~1211m$^2$/d（图 3-13）。

**3. 第 3+4 承压含水层**

该含水层主要赋存于灯角楼组（$N_1d$），平面上在江东新区内均有分布（图 3-14）。含水层岩性主要为灰绿色中粗砂，部分地段为粉细砂等。顶板埋深一般 50~200m，总体上从东南向西北埋深逐渐增大。含水层一般有 2~4 层，层间普遍为粉细砂与黏土互层，含水层厚度一般 10~60m，最厚可达 126m。

第 3+4 层承压水水位埋深 7.2~41.21m，向西北埋深逐渐增大。在江东新区中部一带富水性丰富，钻孔涌水量 1098~9343m$^3$/d，导水系数 84~786m$^2$/d；其他区域内该含水层富水性中等，钻孔涌水量 250~948m$^3$/d，导水系数 14~351m$^2$/d（图 3-15）。

## 二、地下水补径排条件

江东新区松散岩类孔隙潜水主要接受降水入渗补给，河流、灌溉沟渠、虾鱼塘水入渗也是重要的补给来源；江东新区范围内总体水位标高由南向北降低，因此潜水总体由南向北往大海径流、排

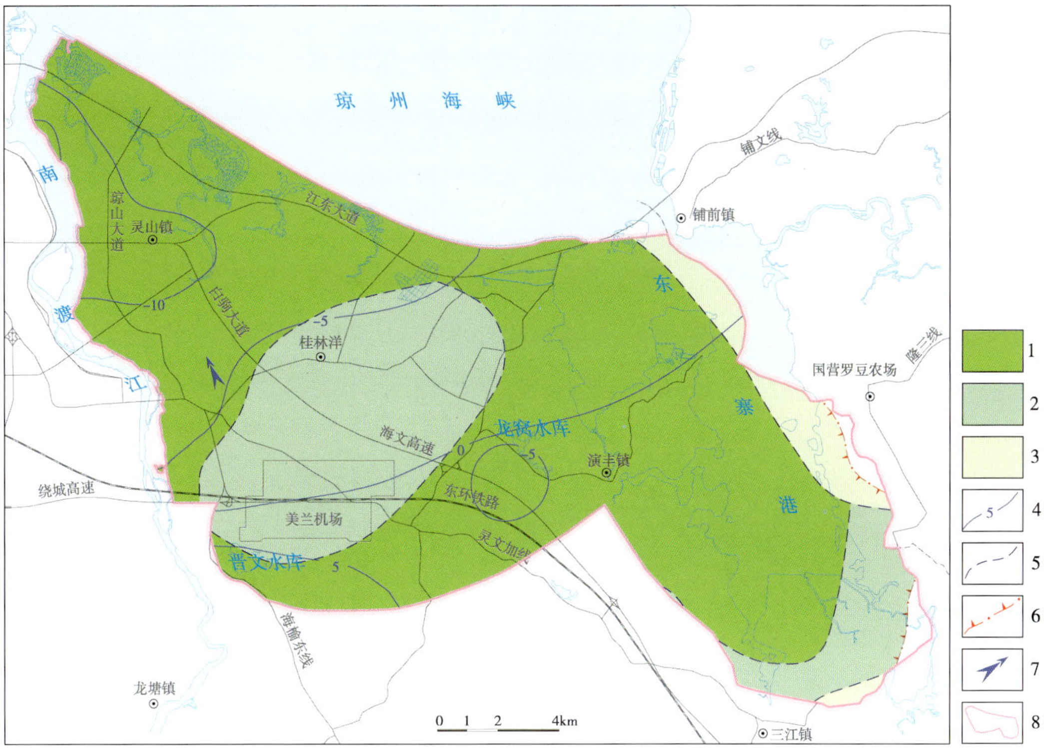


图 3-13　第 2 层承压水富水性分区图

1—水量丰富，单井涌水量大于 1000m$^3$/d；2—水量中等，单井涌水量 100～1000m$^3$/d；3—水量贫乏，单井涌水量小于 100m$^3$/d；4—承压水等水压线，数字为水位标高（m）；5—富水性分区界线；6—承压含水层边界线；7—承压水流向；8—江东新区范围

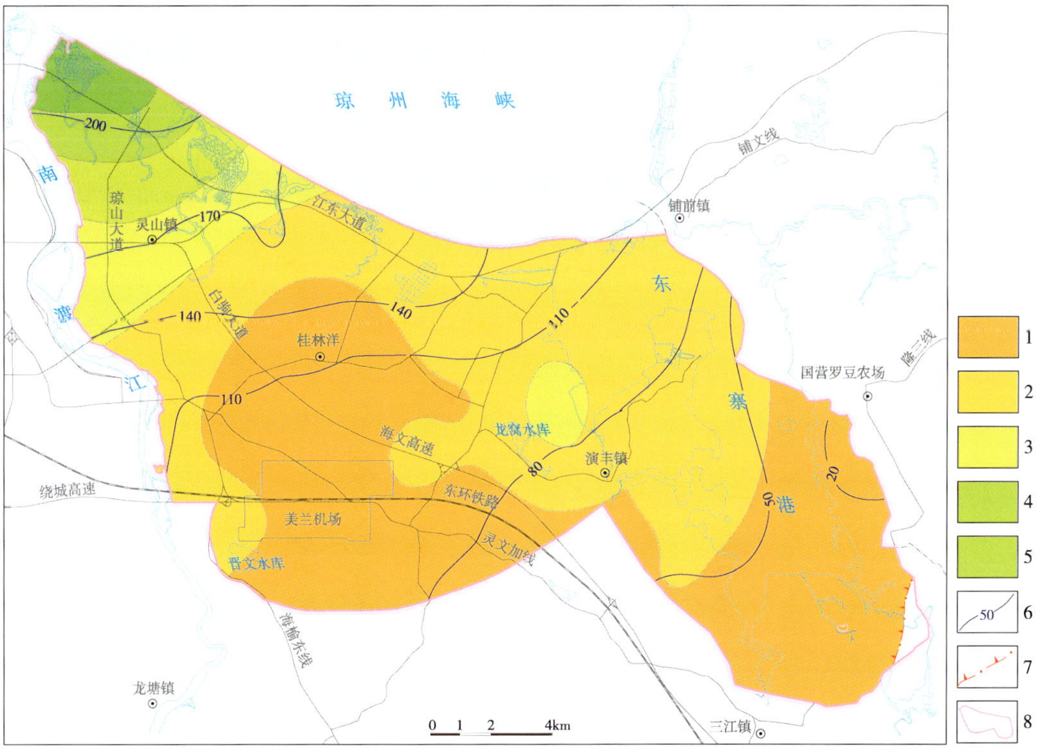


图 3-14　第 3+4 承压含水层厚度分布图

1—小于 10m；2—10～20m；3—20～30m；4—30～40m；5—大于 50m；6—含水层顶板埋深等值线（m）；7—含水层边界线；8—江东新区范围

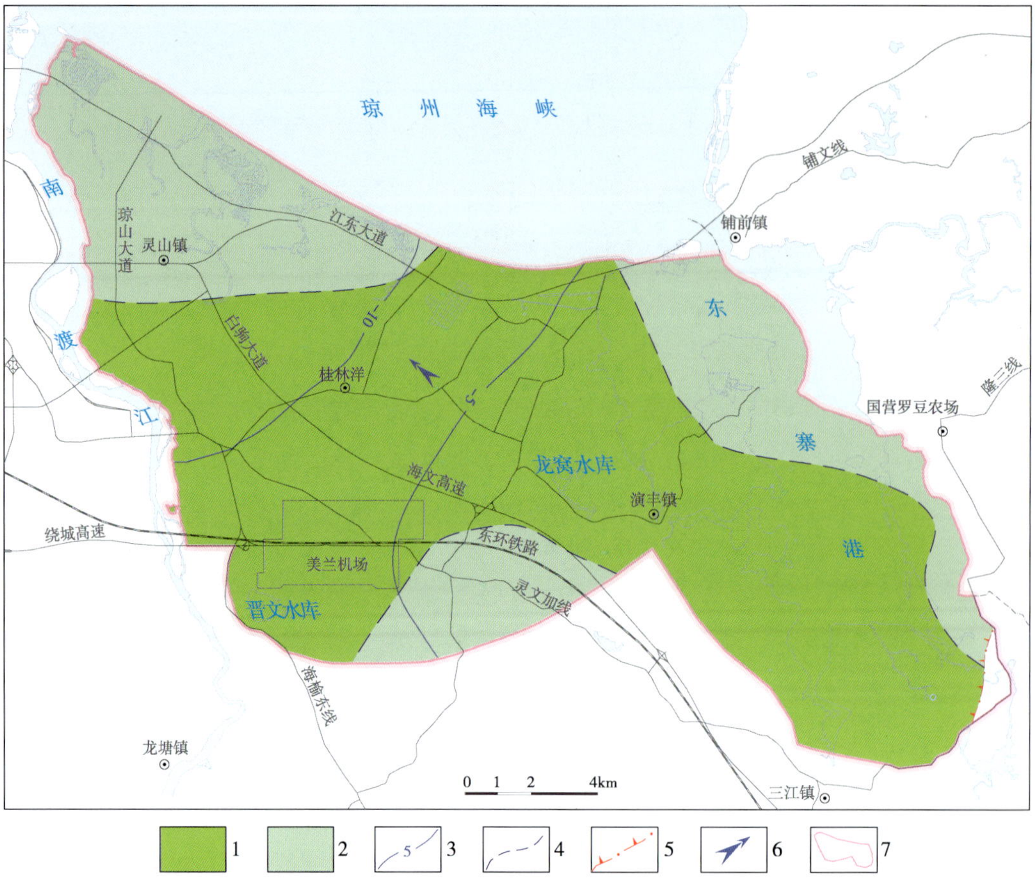


图 3-15　第 3+4 层承压水富水性分区图

1—水量丰富，单井涌水量大于 $1000m^3/d$；2—水量中等，单井涌水量 $100\sim1000m^3/d$；3—承压水等水压线，数字为水位标高（m）；4—富水性分区界线；5—承压含水层边界线；6—承压水流向；7—江东新区范围

泄，人工开采和蒸发作用是该类型地下水较重要的排泄方式。

火山岩类孔洞裂隙水主要接受大气降水入渗补给，地下水径流途径短，受地形控制明显，总体上自南向北径流排泄。

江东新区内松散—半固结岩类孔隙承压水补给来源主要有 3 种：①局部地段的第 1 承压含水层上覆隔水层缺失，潜水直接与承压水接触，由潜水直接补给，形成补给“天窗”；②局部地段潜水与承压水间的隔水层薄或者为弱透水层，潜水水位相对高于承压水水位，在水头差作用下，越流补给承压水，而在各层承压水之间也同样存在越流补给情况；③在江东新区东部琼北盆地边缘地带，基岩裂隙水以侧渗方式补给承压水。地下水总体往西北方向径流、排泄，地下水主要开采第 1、第 2 层承压水，因此人工开采也是该类地下水排泄方式之一。

## 三、地下水动态变化

松散岩类孔隙潜水：年水位变幅小于 1m，最高水位一般在 6—10 月，最低水位一般在 11 月—翌年 5 月。有地表水补给的地区，地下水位变化幅度相对较小，但总体变化形态与降水变化基本吻合，反映了降水量决定水位总体变化趋势，地表水补给对地下水位有一定的缓解作用。

第 1 层承压水：根据海南省地质环境监测总站实施的“海南省（西北部地区）省级地下水监测网点改扩建项目”监测点 M112、M115（均属第 1 层承压含水层监测点）的历年水位监测资料，两监测点水位变化与降水量变化趋势基本一致，表明其水位与降水关系明显，但是受降水量变化影响的反应有明显的滞后性，说明第 1 层承压水接受了潜水的越流补给。而丰水期水位下降与人类开采强度有关，同时还受到潮汐变化影响，夏季起步区抽取该层水用于虾塘换水（养虾一般为 4—10 月），为用水高峰期，水位最低，最低水位一般在 5—9 月，水位标高-9. 82 ~ -8. 01m，同时夏季一般潮位较低，相应水位也降低；冬季一般为虾塘修养区，用水量较少，水位增高，同时冬季一般潮位较高，相应水位也增高，最高水位一般在 1—3 月，年水位变幅为 3. 83 ~ 6. 48m。

第 2 层承压水：根据海南省地质环境监测总站在起步区实施的“海南省（西北部地区）省级地下水监测网点改扩建项目”监测点 M124、M126（均属第 2 承压含水层监测点）的历年水位监测资料，两监测点水位变化与降水量变化关系不明显，说明该层承压水接受上层水的越流补给强度有限。该层承压水为海口江东新区生活用水主要开采层，丰水期水位下降与人类开采强度有关，同时还受到潮汐变化影响，夏季为用水高峰期，水位最低，最低水位一般在 5—9 月，同时夏季一般潮位较低，相应水位也降低；冬季一般用水量较少，水位增高，同时冬季一般潮位较高，相应水位也增高，最高水位一般在 1—3 月。年水位变幅为 2. 35 ~ 3. 04m。

第 3+4 层承压水：根据海南省地质环境监测总站实施的“海南省（西北部地区）省级地下水监测网点改扩建项目”监测点 M144、M145（均属第 3+4 承压含水层监测点）的历年水位监测资料，两监测点水位变化与降水量变化关系不明显，说明该层承压水接受上层水的越流补给强度有限。最低水位一般在 5—9 月，最高水位一般在 1—3 月，水位变化一定程度上受到潮汐影响，因为夏季一般潮位低，同时冬季一般潮位较高，相应水位也增高。年水位变幅为 3. 93 ~ 4. 98m。

## 四、地下水化学类型与水质

松散岩类孔隙潜水：北部沿海地段 2km 范围内潜水水化学类型主要为 Cl 型，阳离子主要为 $Na^+$。桂林洋开发区周边则以 Cl-$HCO_3$ 型为主，阳离子以 $Na^+$、$Ca^{2+}$ 为主。灵山镇周边为 $HCO_3$-Cl 型，阳离子以 $Ca^{2+}$、$Mg^{2+}$ 为主。由于受到潮汐及沿海地带大量海水养殖影响，由南往北水化学类型由 $HCO_3$ 型向 Cl-$HCO_3$ 型、Cl 型逐渐过渡。在距海岸线 2km 范围分布有大量的养殖池，养殖所带来的污废水排放及渗漏污染问题导致了潜水咸化，$Cl^-$、矿化度、$Na^+$ 明显超标，其中 $Cl^-$ 含量 623 ~ 9100mg/L，矿化度 345 ~ 4820mg/L，$Na^+$ 含量 345 ~ 4820mg/L，其地下水基本为Ⅴ类水；中部地区，地下水为Ⅳ类水，其超标组分主要为 $NH_4^+$、pH、$NO_3^-$，该区域内主要为当地传统的农业种植区，地下水超标主要受种植过程中的农药污染；江东新区南部地区地下水基本上达到了Ⅲ类水标准，水质较好。

第 1 层承压水：水化学类型主要为 $HCO_3$ 型，阳离子以 $Na^+$、$Ca^{2+}$、$Mg^{2+}$ 为主；在西北部沿海地带为 Cl 型，阳离子以 $Na^+$ 为主；此外，在演丰镇东部和灵山镇东部一带小范围为 Cl-$HCO_3$ 型，阳离子以 $Na^+$、$Ca^{2+}$ 为主。在西北部海水养殖区采集的 JDSK21-S1 水样品测试数据显示 $Cl^-$ 含量 778mg/L、矿化度 1672mg/L、$Na^+$ 含量 425mg/L，超过了Ⅴ类水限制标准。因此，在西北部为Ⅴ类水，主要受到海水养殖影响。当海水养殖造成潜水咸化后，局部地段第 1 层承压水隔水顶板薄甚至直接与上部潜水连通，第 1 层承压水将会接受咸化水补给，此外人为混层开采同样会使得咸化潜水补给第 1 层承压水，造成了第 1 层承压水咸化。其他地区的地下水基本上达到了Ⅲ类水标准，水质较好。

第 2 层承压水：水化学类型以 $HCO_3$ 型为主，阳离子以 $Na^+$、$Ca^{2+}$、$Mg^{2+}$ 为主；在东营港和福创港一带为 Cl 型，阳离子以 $Na^+$ 为主。东营港一带的水样测试显示，$Cl^-$ 含量 370 ~ 650mg/L、矿化度 853 ~ 1366mg/L、$Na^+$ 含量 194 ~ 280mg/L，已达到了微咸水标准。因此该范围内地下水属于Ⅴ类水；而在沙上港—东营溪—福创港一带主要超标组分为砷，其含量为 0. 011 ~ 0. 034mg/L，属于Ⅳ类水，砷超标可能受到地质背景影响。其他地区的地下水基本上达到了Ⅲ类水标准，水质较好。

第 3+4 层承压水：水化学类型为 $HCO_3$ 型，阳离子以 $Na^+$、$Ca^{2+}$、$Mg^{2+}$ 为主。该层承压水水质普遍较好，达到了Ⅲ类水标准，仅个别地区 $NH_4^+$、$Al^{3+}$ 存在超标现象。

# 第五节　主要地质环境问题

## 一、活动断裂

活动断裂一般指晚更新世以来曾经活动过或现今正在活动，并且在未来一定时期内仍有可能活动的断裂构造。根据地震出版社出版的《海口市工作区地震构造图（1∶250000）》《海口市目标区活动断层探测成果图（1∶50000）》以及中国地震灾害防御中心、中国地震局地球物理勘探中心、海南省海洋地震与工程地震研究中心2018年10月11日提供的《海口江东新区起步区活动断裂精细探测专题报告》最新探测成果，海口江东新区内活动断裂主要有2条，分别为马袅-铺前断裂 $F_2$、铺前-清澜断裂 $F_1$（图3-16）。

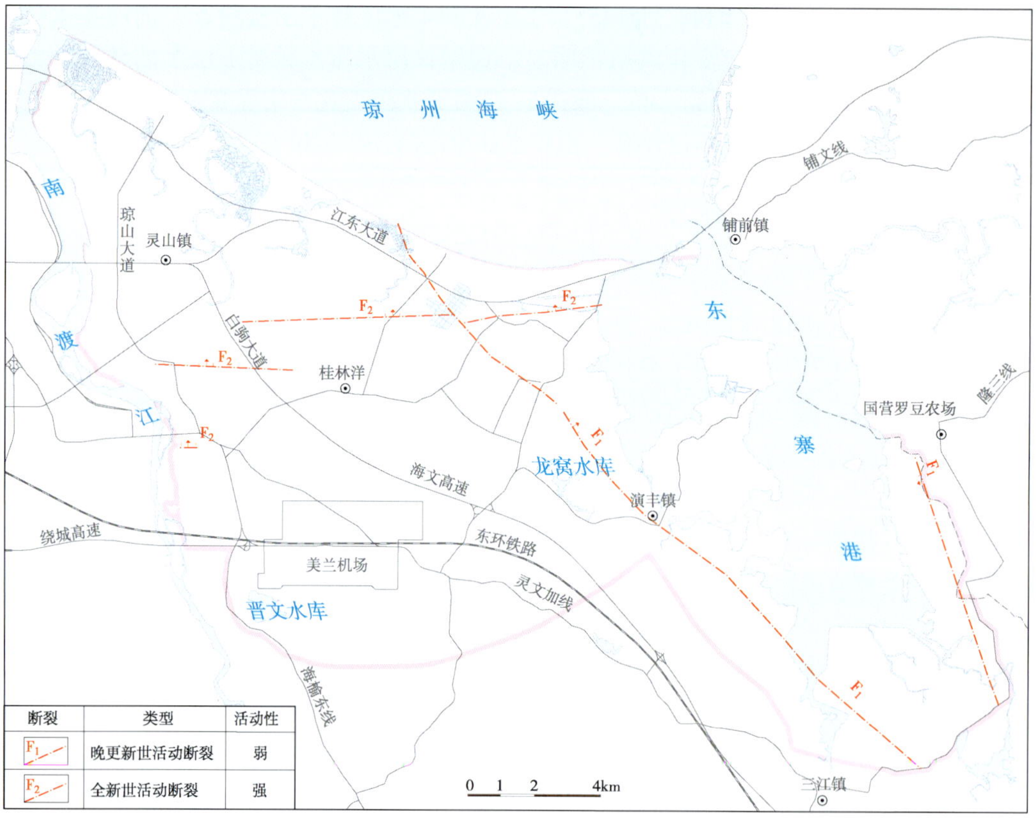


图3-16　江东新区活动断裂分布图

### （一）铺前-清澜断裂（$F_1$）

铺前-清澜断裂走向大致为330°，呈隐伏状分布，北起东寨港，南至清澜港，位于江东新区东侧。该断裂分段活动性差异明显，断裂北段控制了东寨港断陷盆地的发育，断裂中段无明显活动迹象，断裂南段控制了清澜港的形成。

中生代以来，断裂北段长期呈东升西降的正断层活动，中更新世以后尤为明显，控制了东寨港断陷盆地的发育；断裂以西，尤其是东寨港地堑式断陷内沉积了厚200~300m的古近系—第四系，而断裂以东则仅有较薄的第四系松散沉积物，并见大面积印支期花岗岩及中元古界古老变质岩出露。断裂中段和南段发育于强风化基岩区，地表无明显断错迹象。断裂南段导致清澜港形成北西向狭长水道，且西岸呈平直状。

高分辨地震探测资料显示，该断裂上端点接近浅地表沉积盖层，下端点约位于基底附近，可能为穿过基底的正断层，倾向南西。深部人工地震探测表明，东寨港东侧存在2个断点，断距200~300m，西侧存在一个断点，断距约为400m。海南省地震局在铺前-清澜断裂一带布设的高密度电法剖面解译成果表明，该断裂在演丰测线断距为16m，在三江测线断距为17~20m；钻孔联合剖面显示三江东侧有4个断点，主断面向南西倾斜，3个分支断面向北西倾斜，错断晚更新世中期—中更新世晚期地层，而演丰东南未发现有地层断错现象。

综上所述，铺前-清澜断裂是一条区域性活动断裂，该断裂江东段在晚更新世存在活动迹象，是影响海口江东新区的一条活动断裂。

### （二）马袅-铺前断裂（$F_2$）

马袅-铺前断裂走向大致为80°，根据构造特征及活动性特征可分为3段，区内为断裂东段，呈斜列状隐伏于灵山、桂林洋、东寨港一带，横穿江东新区。现有资料表明，断裂深部断距数百米，浅部断距几米至100多米不等。钻孔资料显示，断裂南侧地层抬升，北侧地层强烈下降，断错了新近系及以前的地层，上部第四纪沉积物受段断裂影响表现为断裂或挠曲构造。马袅-铺前断裂是琼北断陷盆地阶梯式断裂带的重要组成部分，控制了盆地内第四纪沉积盆地的发育，导致第四纪等厚线呈近东西向分布；断裂东段还控制了全新统琼山组、烟墩组的发育；断裂西段对第四纪火山岩台地的发育也有较强的控制作用，火山岩台地边界在断裂附近表现出明显的近东西向分布特点。海南省地震局在马袅-铺前断裂完成的3个探槽显示，该断裂在澄迈老城一带的上断点距离地表不足1m，断裂影响的最新地层年龄约1070±120a；海秀镇、桂林洋一带上断点距离地表3~4m，断错的最新地层年龄为距今$2\times10^4\sim5\times10^4$a。断裂活动方式是正倾滑活动，断面运动方向均是南升北降，可能兼有右旋走滑活动。

沿马袅-铺前断裂历史地震较活跃，主要有1605年琼山7.5级地震、1913年海口5级地震和1618年老城5.5级地震。其中1605年琼山地震是海南岛有记录以来震级最大的地震，导致了东寨港一带大面积陆陷成海，形成“海底村庄”奇观。活跃的地震活动表明马袅-铺前断裂现代仍有一定的活动性。综上所述，马袅-铺前断裂被认为与1605年琼山7.5级地震有关，表明断裂在全新世仍有较强活动性，是一条横跨海口市的区域性活动断裂，东段直接影响江东新区。

## 二、砂土液化

江东新区饱和液化砂土顶板埋深0~14.2m，其中顶板埋深较大的地段位于灵山镇儒偶村北侧、田上村、爱群村和陶宋村等地，埋深在10~14.2m，江东大道南北两侧的饱和液化砂土层顶板埋深大多在0~5m之间；饱和液化砂土层底板埋深0.8~20m，其中灵山镇大多数地段埋深较深，以10~20m为主，中部地势相对较高，底板埋深也相对较浅。饱和液化砂土层厚0.8~19.2m，大多数地段的厚度在5~15m，其中厚度较大的地段主要分布在南渡江东岸的新岛村和桥东村一带，为15~19.2m（图3-17）。

区内大部分地段属严重液化区，面积约65.93$km^2$，占液化区面积的88.90%。中等液化地段呈零星展布，分布于灵山镇东和村潭褛河北岸、仲恺村东营溪一带、新琼村西侧、林昌村西北侧、大昌村抱历溪流域、起步区江东大道南北两侧及塔市村北侧沿海一带等区域，面积约6.30$km^2$，占液化区面积的8.50%。轻微液化区零散分布于新琼村西北侧、起步区江东大道南北两侧及迈进社区西北侧等地，面积约1.93$km^2$，占液化区面积的2.60%（图3-18）。

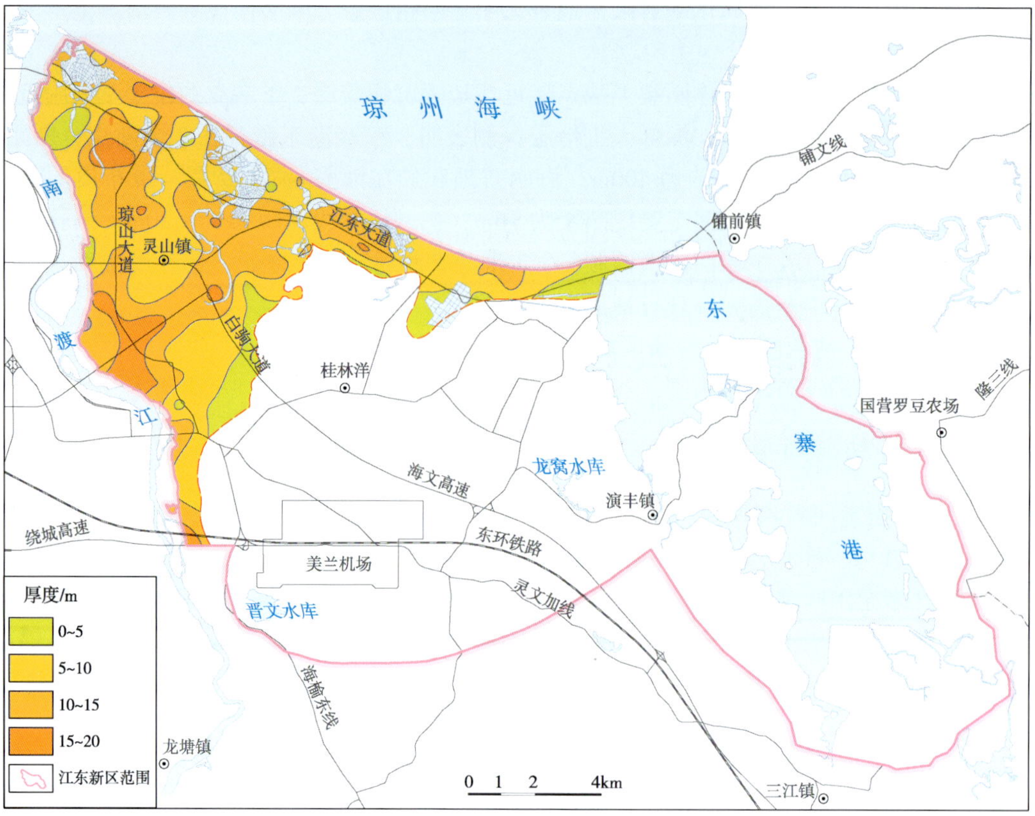


图 3-17 饱和液化砂土层厚度分区图

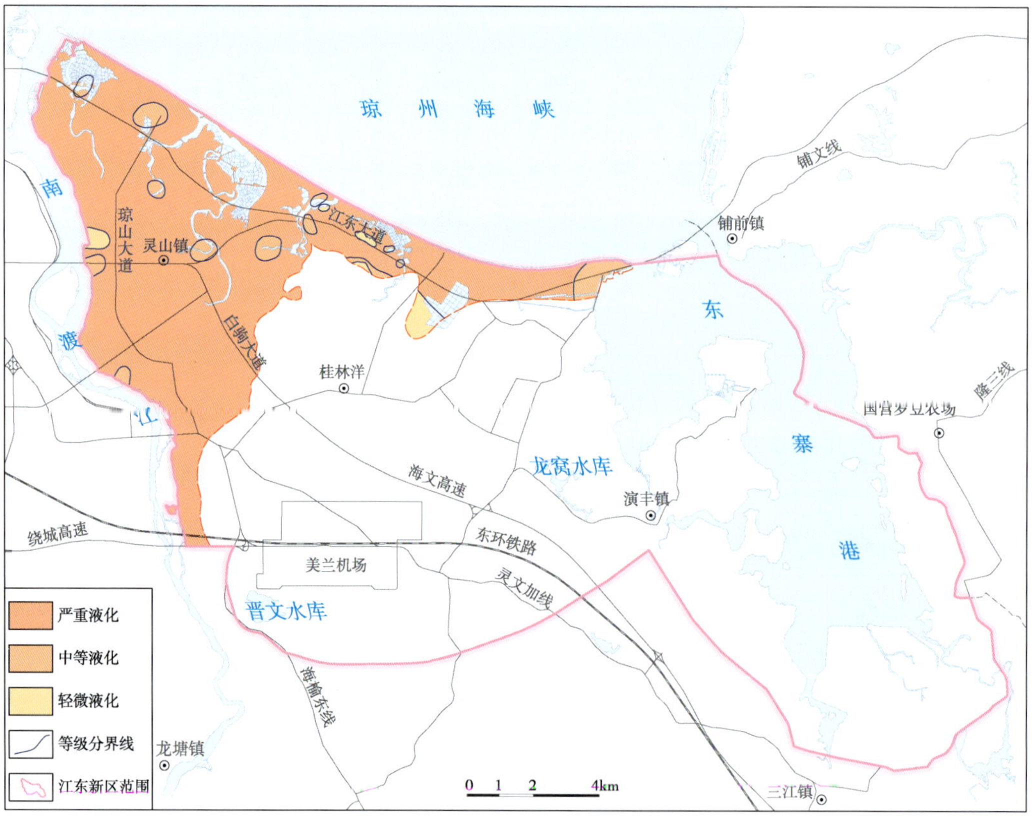


图 3-18 饱和液化砂土等级分区图

## 三、软土震陷

江东新区软土震陷总分布面积约87.14km²，其中0~5m厚的软土广泛分布，主要分布于灵山镇、桂林洋经济开发区北部沿海一带及演丰镇东寨港一带，面积约45.62km²，占总面积的52.35%；5~10m厚的软土主要分布于灵山镇和桂林洋开发区北部沿海一带，面积约34.97km²，占总面积的40.13%；10~15m厚的软土零散分布于灵山镇和桂林洋经济开发区东北部沿海一带，面积约6.07km²，占总面积的6.97%；15~20m厚的软土分布于灵山镇东平村北侧一带，面积约0.48km²，占总面积的0.55%（图3-19）。

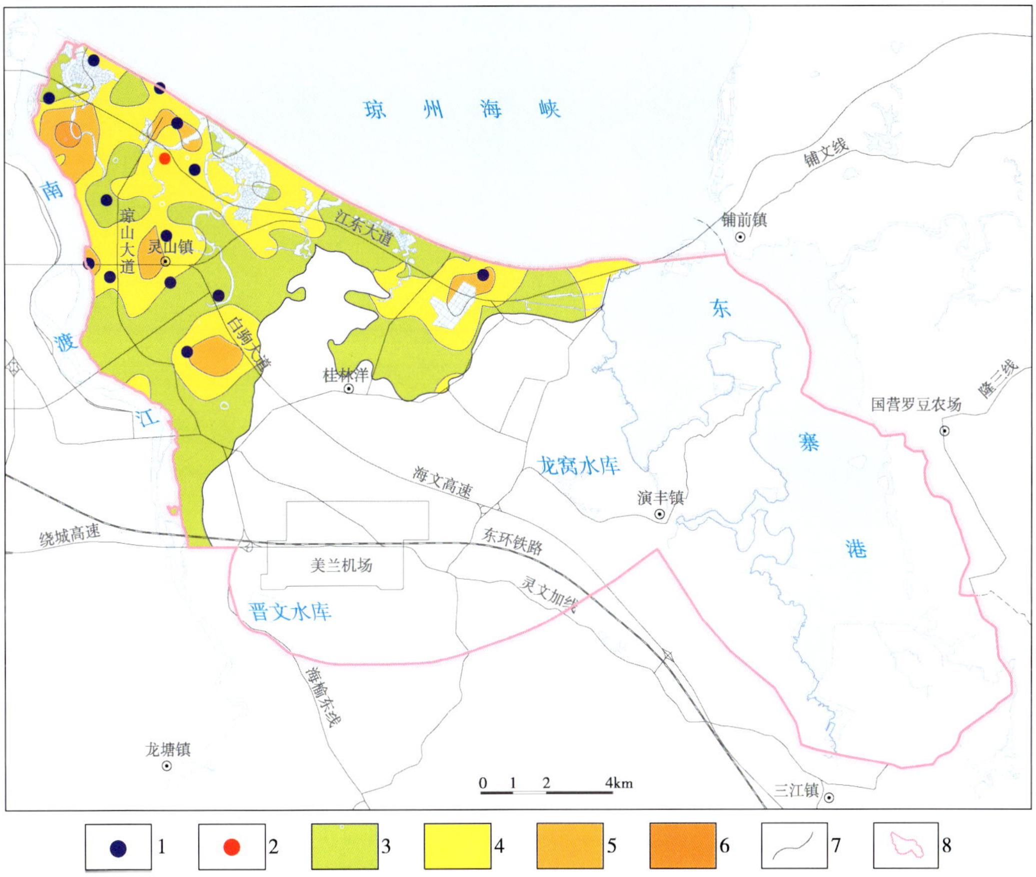


图3-19 软土及沼气点分布图

1—低浓度沼气点位；2—高浓度沼气点位；3—0~5m厚的软土；4—5~10m厚的软土；5—10~15m厚的软土；6—15~20m厚的软土；7—软土厚度分界线；8—江东新区范围

## 四、浅层沼气

在江东新区软土分布区的钻孔中，当揭露到软土层后每回次均进行浓度测试。测试为逃逸至水位面上的沼气浓度，因沼气逃逸速度、储藏位置、储存压力等均有很大的差异性，受测试方法精度的影响，有关浅层沼气的储量、范围、浓度值、压力、详细组分、危害性等特征，需开展专项探测及研究工作来进一步查明。

区内的浅层沼气呈不规则分布，以囊状为主，主要分布于灵山镇，个别点位于桂林洋开发区北侧沿海地带，浅层沼气赋存层位为琼山组（$Qh^2q$）、烟墩组（$Qh^3y$），岩性以淤泥质粉质黏土为主，粉质黏土、粉细砂次之，埋藏深度在4.65~20.95m，同一钻孔内淤泥质粉质黏土中测试浓度较粉细砂层中相对要低（图3-19）。

## 五、膨胀土

江东新区的膨胀土主要存在于多文组玄武岩风化土（4-1工程地质层）和秀英组杂色黏土（6-1工程地质层）中（图3-20，图3-21）。

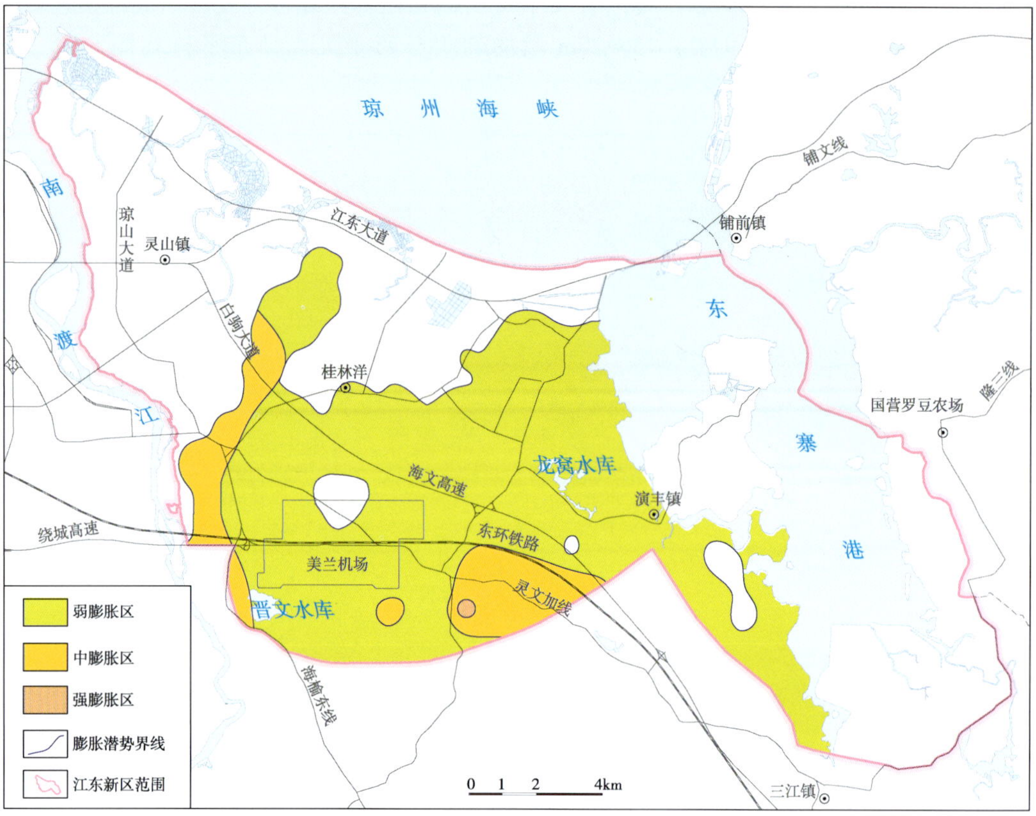


图3-20　多文组（4-1工程地质层）膨胀土平面分布图

4-1工程地质层粉质黏土岩性以黏土为主，粉质黏土次之，厚度0.8~11.1m，含水率19.2~65.0%，孔隙比0.54~1.81，自由膨胀率42%~91%。区内膨胀土的膨胀潜势以弱为主，中等次之。膨胀潜势弱的区域广泛分布于江东新区的南部和东部，面积约102.25km²，占多文组膨胀土区面积的85.92%。区内膨胀土以黏土为主，粉质黏土次之，厚度0.8~11.1m，含水率19.2%~56.6%，孔隙比0.54~1.52，自由膨胀率42%~63%。膨胀潜势中等区域主要分布于红丰村—灵山村—群山村—晋文村一带、塘内南村、永乐村—东环铁路一带，面积约16.53km²，占多文组膨胀土区面积的13.89%。区内膨胀土以黏土为主，粉质黏土次之，厚度3.8~10.5m，含水率42.8%~65%，孔隙比1.19~1.81，自由膨胀率66%~80%。膨胀潜势强的区域主要分布于美兰下村附近，面积约0.23km²，占多文组膨胀土区面积的0.19%。区内膨胀土以黏土为主，厚度约9m，含水率56.5%，自由膨胀率91%。

6-1工程地质层岩性以黏土为主，粉质黏土次之，厚度1.35~17.0m，含水率18.7%~124.0%，孔隙比0.56~3.62，自由膨胀率44%~137%。区内膨胀土以中膨胀潜势为主，强膨胀潜势次之，弱膨胀潜势最小。弱膨胀潜势区主要分布于新琼村南部、新管村—大昌村江东大道以北、大昌村南部、晋文水库东部及昌城村东部等地，面积约17.21km²，占秀英组膨胀土区面积的10.5%。区内膨胀土以黏土、粉质黏土为主，淤泥质黏土次之，厚度1.8~9.1m，含水率一般18.7%~47.8%，孔隙比0.56~1.36，自由膨胀率44%~62%。中膨胀潜势区广泛分布于区内的北

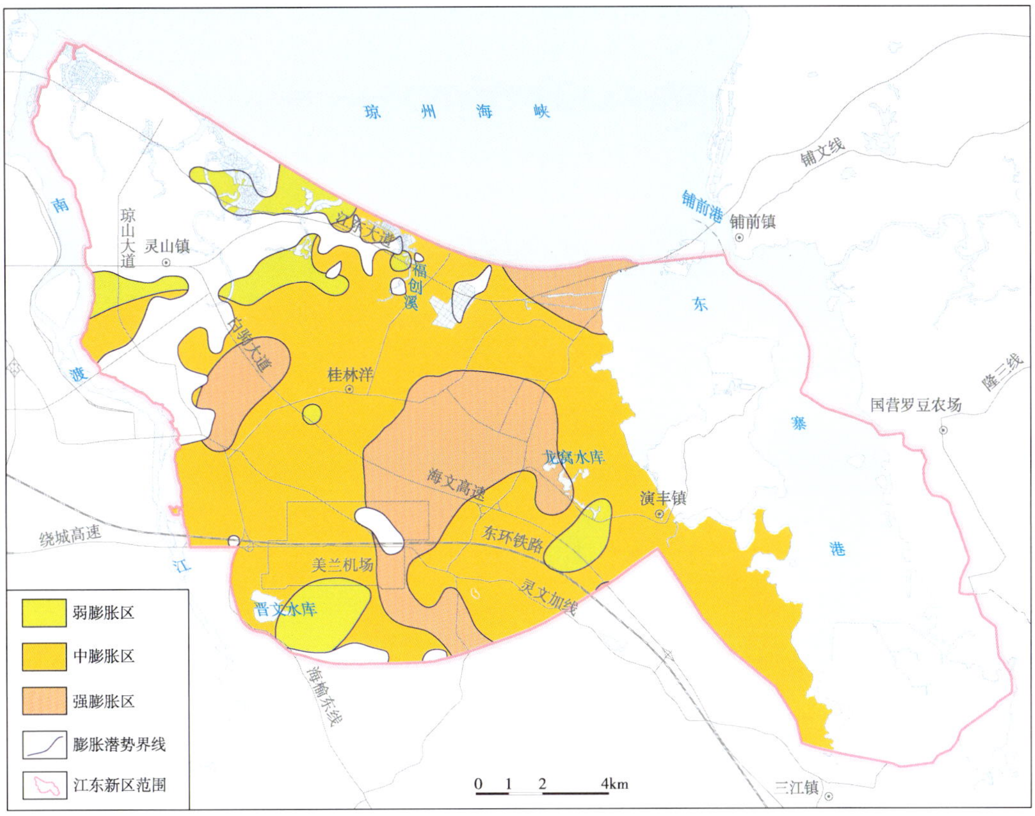


图 3-21　秀英组（6-1 工程地质层）膨胀土平面分布图

部、东部及南部，面积约 111.28km²，占秀英组膨胀土区面积的 67.86%。区内膨胀土以黏土为主，粉质黏土次之，厚度 1.35~8.9m，含水率 23.4%~124%，孔隙比 0.68~3.62，自由膨胀率 66%~89%。强膨胀潜势区主要分布于红丰村—灵山村、五一社区以南—江东新区边界、塔市村以北沿海一带，面积约 35.49km²，占秀英组膨胀土区面积的 21.64%。区内膨胀土以黏土为主，粉质黏土次之，厚度 1.65~17m，含水率 23%~116.3%，孔隙比 0.65~3.31，自由膨胀率 90%~137%。

## 六、水土腐蚀性

海口江东新区 200m 深度范围内共揭露 4 层地下水，分别为松散岩类孔隙潜水和第 1、第 2、第 3+4 层承压水。根据《岩土工程勘察规范》（GB 50021—2001，2009 年）附录 G 确定本场地所属环境类型为湿润区Ⅱ类，根据第 12.2.1~12.2.5 条的规定，按Ⅱ类环境强透水性特征对场地水进行腐蚀性评价。

潜水对混凝土结构具微—强腐蚀性（图 3-22）；对钢筋混凝土结构中的钢筋在干湿交替环境下具微—强腐蚀性，对钢筋混凝土结构中的钢筋在长期浸水环境下具微腐蚀性。

第 1 层承压水对混凝土结构具微腐蚀性，对钢筋混凝土结构中的钢筋在干湿交替环境下具微—中腐蚀性，对钢筋混凝土结构中的钢筋在长期浸水环境下具微腐蚀性。

第 2 层承压水对混凝土结构具微—弱腐蚀性，对钢筋混凝土结构中的钢筋在干湿交替环境下具微—中腐蚀性，对钢筋混凝土结构中的钢筋在长期浸水环境下具微腐蚀性。

第 3+4 层承压水对混凝土结构具微腐蚀性，对钢筋混凝土结构中的钢筋在干湿交替环境下和在长期浸水环境下均具微腐蚀性。

海口江东新区场地土对混凝土结构具强—微腐蚀（图 3-23），对钢筋混凝土结构中的钢筋具腐蚀性，局部具弱腐蚀性，对钢结构具强—微腐蚀。

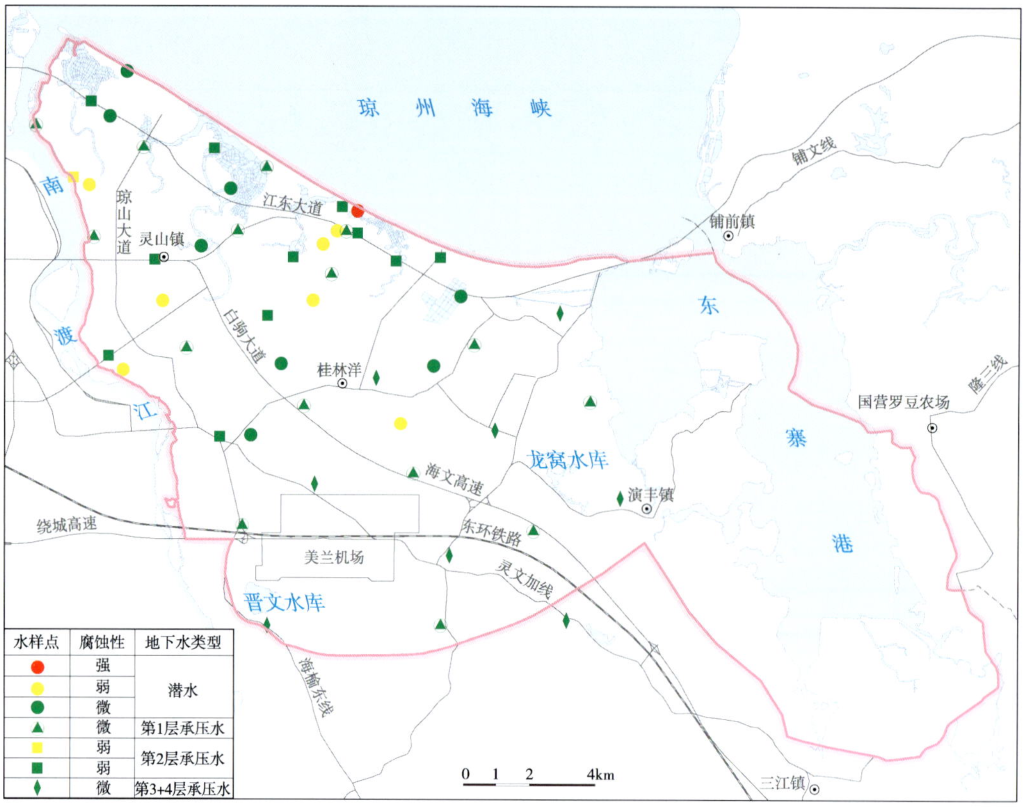


图 3-22 地下水对混凝土结构腐蚀性评价图

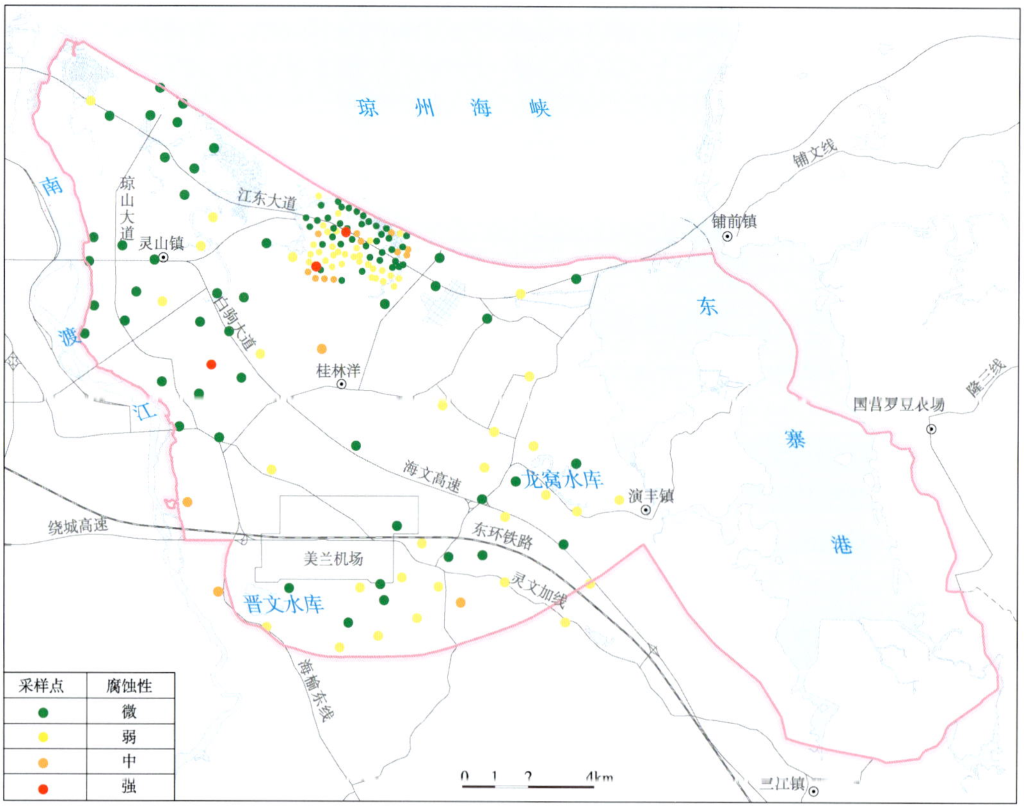


图 3-23 场地土对混凝土结构腐蚀性评价图

# 第四章　海口江东新区地下空间开发利用潜力评价

人类目前对于地下空间的开发深度在100m以内即可获得可观的开发量。由于这个深度范围内要容纳众多的城市功能，因此需要进行地下空间开发的竖向分层开发，以平衡城市区域内的各种要素的多层分配功能，提高城市土地承载力和开发强度，实现紧凑型城市功能。

结合海口江东新区规划开发情况及勘察资料，根据区内主要工程地质条件、含水层的分布情况及现有地下空间开发利用的技术条件，在地下空间开发利用100m的深度范围内，由浅至深依次可划分为浅层（0~15m）、次浅层（15~30m）、次深层（30~60m）、深层（60~100m）4个分层。

浅层地下空间（0~15m）：该层地下空间与地面空间结合最为紧密，东南部的火山岩台地区其深度范围内主要为风化残积层及多文组玄武岩，其他区域其深度范围内主要为松散岩类沉积层，发育砂土液化等不良地质问题。主要赋存潜水或承压水，地质条件较复杂。

次浅层地下空间（15~30m）：该层地下空间由第1承压含水层和粉质黏土隔水层组成，地下空间的开发利用主要受到第1层承压水的控制。

次深层地下空间（30~60m）：东部的桂林洋和演丰一带，该层地下空间由第1、第2承压含水层及粉质黏土隔水层组成，地下空间的开发利用主要受到第1、第2层承压水的控制；西部的灵山、东营及起步区一带，该层地下空间由第1承压含水层及粉质黏土隔水层组成，地下空间的开发利用主要受到第1层承压水的控制。

深层地下空间（60~100m）：东部的桂林洋和演丰一带，第1承压含水层在该层地下空间上部一般被揭穿，第2承压含水层在该层地下空间底部一般被揭露；西部的灵山、东营及起步区一带，基本未揭露或仅零星揭露薄层第2承压含水层。

评价方法选择上，地下空间开发地质适宜性采用BP人工神经网络模型进行评价，可以在很大程度上规避评价因子模糊性和不确定性的影响；地下空间开发利用价值采用多目标线性加权函数模型进行评价；地下空间资源（数）量采用排除法和可有效利用系数进行评价。

## 第一节　地下空间开发地质适宜性评价

研究区地下空间开发地质适宜性评价因素包括两个部分，第一部分为敏感因素，第二部分为重要因素。活动断裂一旦发生灾害，对人类的生命和财产安全都会造成极大的威胁，原则上最低的等级都会影响地下空间开发利用的适宜性，对地下空间开发极为不利，因此将活动断裂这一评价因子定为敏感因素。重要因素主要考虑工程地质条件、水文地质条件和场地稳定性3个方面因素的影响，采用BP人工神经网络模型进行初次评价。结合上述两部分的评价结果采用最不利判别法，确认最终的地下空间开发利用地质适宜性等级。

需要特殊说明的是，考虑研究区独有的“南邻南渡江，北面琼州海峡，西处东寨港”等自然地理和东部生态功能区等规划布局条件，将海岸线200m缓冲区和东部生态功能区划定为不适宜进行地下空间开发区，其适宜性等级为差。

## 一、评价指标体系

海口江东新区地下空间适宜性评价指标体系的建立，需要充分考虑地质环境条件的影响。按浅层（0~15m）、次浅层（15~30m）、次深层（30~60m）、深层（60~100m）4个垂直分层分别进行构建（图4-1~图4-4）。

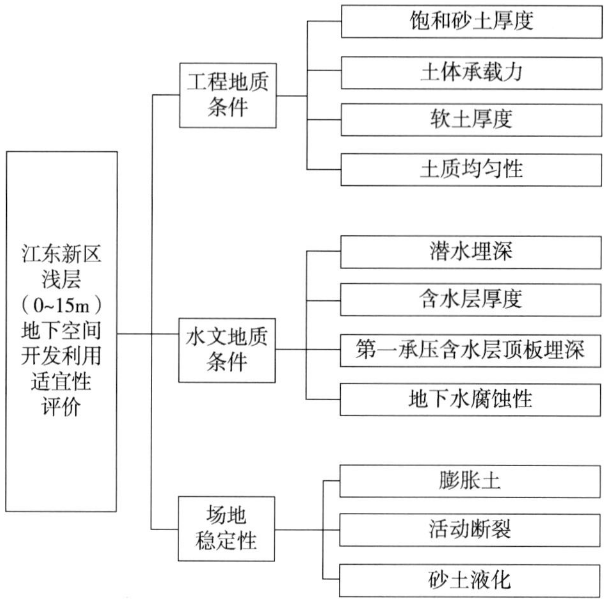


图4-1　浅层（0~15m）评价指标体系结构图

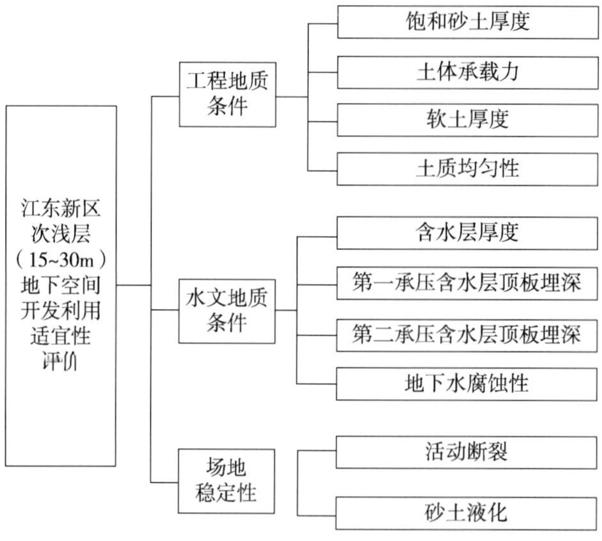


图4-2　次浅层（15~30m）评价指标体系结构图

### （一）工程地质条件指标

#### 1. 饱和砂土厚度

江东新区西北侧主要分布有晚更新世以来的饱和砂土12层，分别为2-1层粉细砂、2-2层中粗砂、2-3层粉细砂、2-4层中粗砂、3-1a层中粗砂、3-2层粉细砂、3-3层中粗砂、3-4a层中

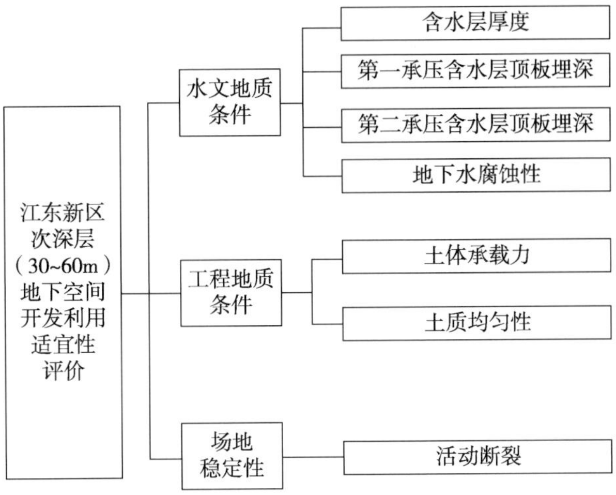


图 4-3　次深层（30~60m）评价指标体系结构图

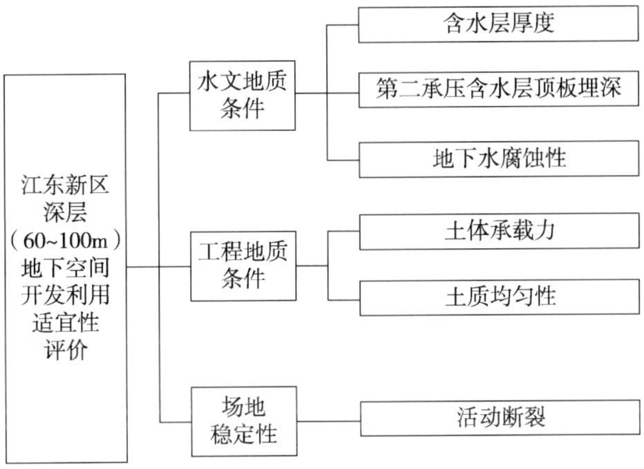


图 4-4　深层（60~100m）评价指标体系结构图

粗砂、3-4b 层粉细砂、3-6 层粉细砂、3-7 层中粗砂、3-8 层砾砂，根据饱和砂土的厚度进行量化分级（表 4-1）。

**表 4-1　饱和砂土厚度分级量化表**

| 饱和砂土厚度/m | 0 | 0~5 | 5~8 | 8~12 | >12 |
|---|---|---|---|---|---|
| 分级 | 1 级 | 2 级 | 3 级 | 4 级 | 5 级 |

### 2. 土体承载力

根据《江东新区起步区详细规划工程地质勘察报告》和江东新区工程地质勘察资料，对一定深度范围内的岩土体承载力进行了定量评估，其深度范围分别为 0~5m、5~10m、10~20m、20~50m 以及 50~100m，其采用的评价方法如下：

$$f_{ad}=\frac{\sum_{i=1}^{n}f_{ai}\times d_i}{\sum_{i=1}^{n}d_i} \tag{4-1}$$

式中：$f_{ad}$—平均承载力特征值（kPa）；$d_i$—第 $i$ 层（岩）土层厚度（m）；$f_{ai}$—第 $i$ 层（岩）土承载力特征值（kPa）。

严重液化砂土、软土按最不利因素考虑，计算时承载特征值取0。

该指标的量化主要依托江东新区工程地质勘察资料中0~5m、5~10m、10~20m、20~50m以及50~100m深度范围内岩土体承载力的定量评估结果，对场地土承载力特征值进行量化分级（表4-2）。

**表4-2 土体承载力分级量化表**

| 土体承载力/kPa | >400 | 200~400 | 100~200 | 50~100 | <50 |
|---|---|---|---|---|---|
| 分级 | 1级 | 2级 | 3级 | 4级 | 5级 |

### 3. 软土厚度

江东新区100m深度范围内主要揭露4层软土，分别为2-1-2层、2-3-1层、3-1层、4-3层淤泥质粉质黏土，主要分布在灵山镇附近以及桂林洋开发区东北侧附近，厚度0~20m。本次评价根据软土的厚度进行量化分级（表4-3）。

**表4-3 软土厚度分级量化表**

| 软土厚度/m | 0~2 | 2~4 | 4~6 | 6~8 | >8 |
|---|---|---|---|---|---|
| 分级 | 1级 | 2级 | 3级 | 4级 | 5级 |

### 4. 土质均匀性

将江东新区土质量化为均匀、较均匀、较不均匀、不均匀5个分级（表4-4）。

**表4-4 土质均匀性分级量化表**

| 土质均匀性 | 均匀 | 较均匀 | 较不均匀 | 不均匀 | — |
|---|---|---|---|---|---|
| 分级 | 1级 | 2级 | 3级 | 4级 | 5级 |

## （二）水文地质条件指标

### 1. 潜水埋深

江东新区地下水类型为松散岩类孔隙潜水，主要分布于研究区南渡江以东、灵山镇—坡上村—吴村—郑家村以北的冲洪积平原和滨海堆积平原地区，含水层主要由全新统粉砂、细砂、中砂、粗砂、砾砂及下更新统中砂、粗砂和砾砂组成。根据已完成钻孔资料数据统计，水位测量时间为7—9月，水位埋深0~11.90m。

潜水埋深的量化标准一般基于地下空间开发的竖向分布。对江东新区潜水埋深进行指标量化（表4-5）。

**表4-5 潜水埋深分级量化表**

| 潜水埋深/m | >10 | 5~10 | 3~5 | 1~3 | <1 |
|---|---|---|---|---|---|
| 分级 | 1级 | 2级 | 3级 | 4级 | 5级 |

### 2. 含水层厚度

潜水和承压水分布于整个研究区，根据钻孔资料数据统计，潜水含水层厚度1.55~24.0m，一般10~15m，第1承压含水层厚度2.4~33.1m，一般10~20m，总体上由东南往西北厚度增加，第2承压含水层厚度32.32~47.75m。本次仅选取第1承压含水层厚度作为评价指标（表4-6）。

表 4-6 含水层厚度分级量化表

| 含水层厚度/m | 0~3 | 3~6 | 6~9 | 9~12 | >12 |
|---|---|---|---|---|---|
| 分级 | 1 级 | 2 级 | 3 级 | 4 级 | 5 级 |

### 3. 承压含水层顶板埋深

海口江东新区地下空间 100m 深度内共揭露 2 层承压水，分别为第 1 层承压水和第 2 层承压水。第 1 承压含水层顶板埋深 9.0~58.0m，由东南往西北埋深逐步增大。第 2 承压含水层顶板埋深 11.7~152.0m，由东南往西北埋深亦逐步增大。指标量化标准采用承压含水层顶板埋深与分层底界面的距离差值进行划分（表 4-7）。

表 4-7 承压含水层顶板埋深分级量化表

| 分级 | 1 级 | 2 级 | 3 级 | 4 级 | 5 级 |
|---|---|---|---|---|---|
| 承压含水层顶板埋深/m（0~15m） | >13 | 11~13 | 9~11 | 7~9 | <7 |
| 承压含水层顶板埋深/m（15~30m） | >28 | 26~28 | 24~26 | 22~24 | <22 |
| 承压含水层顶板埋深/m（30~60m） | >56 | 52~56 | 48~52 | 44~48 | <44 |
| 承压含水层顶板埋深/m（60~100m） | >96 | 92~96 | 88~92 | 84~88 | <84 |

### 4. 地下水腐蚀性

根据江东新区地下水腐蚀性评价结果，共划分 5 级（表 4-8）。

表 4-8 地下水腐蚀性分级量化表

| 地下水腐蚀性 | 无 | 微 | 弱 | 中 | 强 |
|---|---|---|---|---|---|
| 分级 | 1 级 | 2 级 | 3 级 | 4 级 | 5 级 |

## （三）场地稳定性指标

### 1. 活动断裂

江东新区发育 2 条活动断裂，即马袅-铺前断裂（$F_1$）和铺前-清澜断裂（$F_2$）。马袅-铺前断裂（$F_1$）是一条跨海口市的区域性活动断裂，该断裂江东段在全新世存在活动迹象，是影响江东新区的一条活动断裂。马袅-铺前断裂走向大致为 80°，呈斜列状分布，于灵山、桂林洋、东寨港一带横穿江东新区，在桂林洋一带第四纪晚期存在多期活动的迹象。铺前-清澜断裂（$F_2$）也是一条区域性活动断裂，该断裂东段在晚更新世存在活动迹象，也是影响江东新区的一条活动断裂。铺前-清澜断裂走向大致为 330°，呈隐伏状分布，北起东寨港，南至清澜港，位于江东新区东侧，主断面断错了第四系底界。参考《建筑抗震设计规范》（GB 50011—2016）的要求，将江东新区内活动断裂按照表 4-9 的标准进行量化。

表 4-9 活动断裂分级量化表

| 活动断裂/m | >1000 | 1000~800 | 800~500 | 500~200 | <200 |
|---|---|---|---|---|---|
| 分级 | 1 级 | 2 级 | 3 级 | 4 级 | 5 级 |

**2. 砂土液化**

按照无、轻微、中等以及严重进行量化分级。江东新区西北侧主要分布有晚更新世以来的饱和砂土12层，具体如前所述。江东新区砂土液化指标的液化等级与量化标准对应关系如表4-10所示。

**表4-10 砂土液化分级量化表**

| 砂土液化 | 无 | — | 轻微 | 中等 | 严重 |
|---|---|---|---|---|---|
| 分级 | 1级 | 2级 | 3级 | 4级 | 5级 |

**3. 膨胀土**

江东新区的多文组玄武岩风化土（4-1层）和秀英组杂色黏土（6-1层）可能为膨胀土。其中，4-1层粉质黏土岩性以黏土为主，粉质黏土次之，厚度为0.8~11.1m，含水率为19.2%~65.0%，孔隙比为0.54~1.81，自由膨胀率为42%~91%；6-1层岩性以黏土为主，粉质黏土次之，厚度为1.35~17.0m，含水率为18.7%~124.0%，孔隙比为0.56~3.62，自由膨胀率为44%~137%。将膨胀土等级程度按照非膨胀土、弱膨胀土、中膨胀土以及强膨胀土进行量化分级，其对应关系见表4-11。

**表4-11 膨胀土液化分级量化表**

| 膨胀土 | $\delta_{ef}<40\%$ | $40\%\leq\delta_{ef}<60\%$ | $60\%\leq\delta_{ef}<70\%$ | $70\%\leq\delta_{ef}<90\%$ | $\delta_{ef}\geq90\%$ |
|---|---|---|---|---|---|
| 分级 | 1级 | 2级 | 3级 | 4级 | 5级 |

注：$\delta_{ef}$为自由膨胀率。

## 二、样本区选取

样本区的质量好坏决定了神经网络预测结果是否准确，高质量的样本集应该具有代表性、典型性等特性，常见的选取方法有随机法、正交设计法和均匀设计法。

对于地下空间适宜性评价而言，一方面，影响评价结果的主要是指标体系中各个指标的质量，在“学习”前，需提前预判样本区的适宜性等级，而不同地区的勘察资料详细程度是不一样的，样本区的资料越丰富，适宜性的判断越准确。另一方面，由于各个指标间的关系是未知而又复杂的，不能单单采用随机法、正交法等选取方法，因此综合考虑后确定本次样本区选取的原则如下：

1）代表性原则：考虑研究区内所有的不良地质现象，如砂土液化、软土震陷、活动断裂等。

2）典型性原则：一方面选取每个指标最好的和最差的区域，另一方面尽量选取资料丰富的区域。

在充分了解研究区工程地质条件的基础上，结合北京、上海等多个城市的地下空间开发经验，预先确定样本集所在区域的适宜性等级。挑选如下样本区：

### （一）浅层（0~15m）样本区选取

研究区浅层（0~15m）样本区平面分布情况如图4-5所示。

**1. 样本区（1-1）**

样本区位于研究区起步区西北侧，南渡江入海口附近，地势平坦。根据区内勘探孔JDGK5、JDSK34、JDSJ30揭露：软土厚度4~6m，指标对应分级为3级；饱和砂土厚度8~12m，指标对应分级为4级；大部分区域砂土液化处于严重级别，局部处于中等级别，指标对应分级为5级；土体承载力值小于50kPa，指标对应分级为5级；含水层厚度9~12m，指标对应分级为4级；第1承压

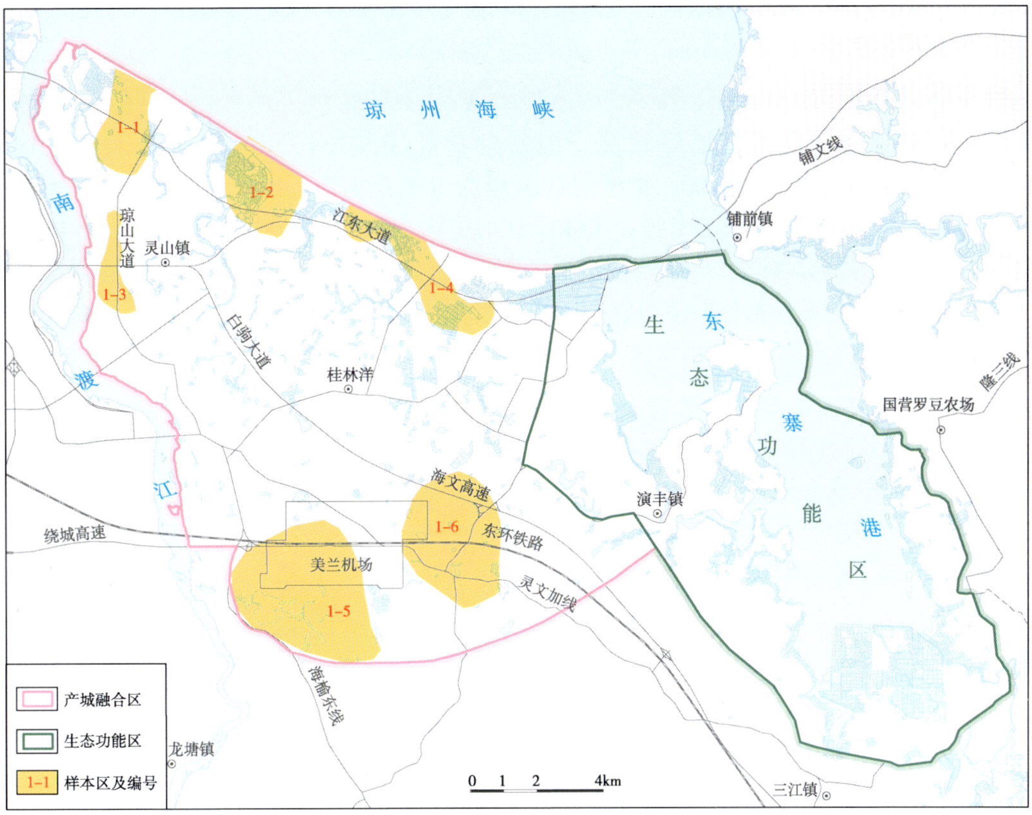


图 4-5 浅层（0~15m）样本区分布平面图

含水层顶板埋深 31~34m，指标对应分级为 1 级；潜水埋深 1.9~3.7m，指标对应分级为 4 级。经判定，该样本区的适宜性等级为 5 级。

**2. 样本区（1-2）**

样本区位于研究区起步区西侧，南邻琼州海峡，地势平坦。根据区内勘探孔 JDGK44、JD-SK24、JDSJ196、JDGK43 揭露：软土厚度 6~8m，指标对应分级为 4 级；饱和砂土厚度 5~8m，指标对应分级为 3 级；大部分区域砂土液处于严重级别，局部处于轻微级别，指标对应分级为 5 级；土体承载力值小于 50kPa，指标对应分级为 5 级；含水层厚度 9~12m，指标对应分级为 4 级；第 1 承压含水层顶板埋深 27~33m，指标对应分级为 1 级；潜水埋深大部分区域小于 1m，指标对应分级为 5 级。经判定，该样本区的适宜性等级为 5 级。

**3. 样本区（1-3）**

样本区位于研究区南侧，南渡江右岸，地势平坦。根据区内勘探孔 JDSJ142、JDGK16、JD-SJ133 揭露：软土厚度 4~6m，指标对应分级为 3 级；饱和砂土厚度 8~12m，指标对应分级为 4 级；砂土液化等级为严重，指标对应分级为 5 级；土体承载力小于 50kPa，指标对应分级为 5 级；含水层厚度 9~12m，指标对应分级为 4 级；第 1 承压含水层顶板埋深 35~40m，指标对应分级为 1 级；潜水埋深 1.6~2.5m，指标对应分级为 4 级。经判定，该样本区的适宜性等级为 5 级。

**4. 样本区（1-4）**

样本区位于研究区起步区附近，地势平缓。根据勘探孔 JDGK113、JDGK177、JDSJ109 揭露：软土厚度 2~6m，指标对应分级为 2 级、3 级；饱和砂土厚度 5~11m，指标对应分级为 3 级、4 级；无砂土液化，指标对应分级为 1 级；土体承载力值小于 50kPa，指标对应分级为 5 级；含水层厚度大于 9m，指标对应分级为 4 级、5 级；第 1 承压含水层顶板埋深 15~35m，指标对应分级为 1 级、2 级；潜水埋深 0.6~2.7m，指标对应分级为 4 级、5 级。经判定，该样本区的适宜性等级为 5 级。

**5. 样本区（1−5）**

样本区位于研究区南部，地势较陡。根据勘探孔 JDSJ264、JDSJ27、JDGK52、JDGK196、JDGK52 钻孔揭露：软土厚度 0~2m，指标对应分级为 1 级；无饱和砂土，指标对应分级为 1 级；无砂土液化现象，指标对应分级为 1 级；土体承载力值大于 200kPa，指标对应分级为 1 级、2 级；含水层厚度 0~3m，指标对应分级为 1 级；第 1 承压含水层顶板埋深 18~26m，指标对应分级为 1 级；潜水埋深 7.2~11.6m，指标对应分级为 1 级、2 级。经判定，该样本区的适宜性等级为 1 级。

**6. 样本区（1−6）**

样本区位于研究区南部，地势较陡。根据勘探孔 JDSJ261、JDSJ67、JDGK66、JDSJ86、JDSJ122 钻孔揭露：软土厚度 0~2m，指标对应分级为 1 级；无饱和砂土，指标对应分级为 1 级；无砂土液化现象，指标对应分级为 1 级；土体承载力值大于 200kPa，指标对应分级为 1 级、2 级；含水层厚度 0~3m，指标对应分级为 1 级；第 1 承压含水层顶板埋深 16~23m，指标对应分级为 1 级；潜水埋深 5~11.6m，指标对应分级为 1 级、2 级。经判定，该样本区的适宜性等级为 1 级。

### （二）次浅层（15~30m）样本区选取

次浅层（15~30m）样本区平面分布情况如图 4−6 所示。

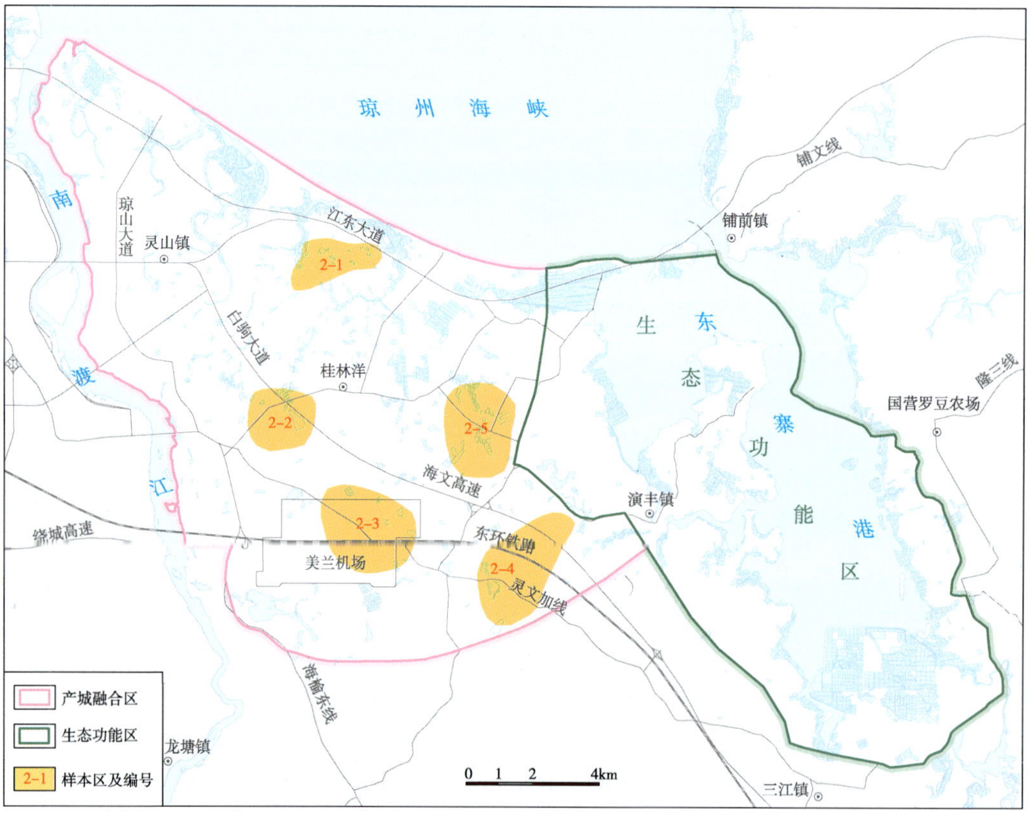


图 4−6　次浅层（15~30m）样本区分布平面图

**1. 样本区（2−1）**

样本区位于研究区西北侧，东临琼州海峡，地势平坦。根据区内勘探孔 JDSK50、JDGK116、JDGK47 揭露：软土厚度 0~2m，指标对应分级为 1 级；饱和砂土厚度 0~5m，指标对应分级为 2

级；砂土液化属于严重液化区，指标对应分级为 5 级；土体承载力值介于 100~200kPa，指标对应分级为 3 级；含水层厚度 9~12m，指标对应分级为 4 级；第 1 承压含水层顶板埋深小于 24m，指标对应分级为 4 级、5 级。经判定，该样本区的适宜性等级为 5 级。

**2. 样本区（2-2）**

样本区位于研究区西北侧，西临南渡江。根据区内勘探孔 JDSJ85、JDSK2、JDSK28 揭露：软土厚度 0~2m，指标对应分级为 1 级；无饱和砂土分布，指标对应分级为 1 级；无砂土液化区，指标对应分级为 1 级；土体承载力值介于 200~400kPa，指标对应分级为 2 级；含水层厚度 3~6m，指标对应分级为 2 级；第 1 承压含水层顶板埋深大于 28m，指标对应分级为 1 级。经判定，该样本区的适宜性等级为 1 级。

**3. 样本区（2-3）**

样本区位于研究区西北侧，西临南渡江。根据区内勘探孔 JDSK4、JDGK55 揭露：软土厚度 0~2m，指标对应分级为 1 级；无饱和砂土分布，指标对应分级为 1 级；无砂土液化区，指标对应分级为 1 级；土体承载力值介于 200~400kPa，指标对应分级为 2 级；含水层厚度 6~9m，指标对应分级为 3 级；第 1 承压含水层顶板埋深小于 22m，指标对应分级为 5 级。经判定，该样本区的适宜性等级为 5 级。

**4. 样本区（2-4）**

样本区位于研究区起步区，东临琼州海峡。根据区内勘探孔 JDGK168、JDSK31 揭露：软土厚度 0~2m，指标对应分级为 1 级；无饱和砂土分布，指标对应分级为 1 级；无砂土液化区，指标对应分级为 1 级；土体承载力值大于 200kPa，指标对应分级为 1 级、2 级；含水层厚度 0~6m，指标对应分级为 1 级、2 级；第 1 承压含水层顶板埋深小于 28m，指标对应分级为 1 级。经判定，该样本区的适宜性等级为 1 级。

**5. 样本区（2-5）**

样本区位于研究区中部。根据区内勘探孔 JDGK71、JDGK7 揭露：软土厚度 0~2m，指标对应分级为 1 级；无饱和砂土分布，指标对应分级为 1 级；无砂土液化区，指标对应分级为 1 级；区内土体承载力值在 200~400kPa 之间，指标对应分级为 2 级；含水层厚度 3~6m，指标对应分级为 2 级；第 1 承压含水层顶板埋深大于 28m，指标对应分级为 1 级。经判定，该样本区的适宜性等级为 1 级。

### （二）次深层（30~60m）样本区选取

次深层（30~60m）样本区平面分布情况如图 4-7 所示。

**1. 样本区（3-1）**

样本区位于研究区西北侧，东临琼州海峡，地势平坦。根据勘探孔 JDDK7、JDSK35、JDGK5 揭露：土体承载力值介于 100~200kPa，指标对应分级为 3 级；含水层厚度大于 12m，指标对应分级为 5 级；第 1 承压含水层顶板埋深 37~42m，指标对应分级为 5 级；第 2 承压含水层顶板埋深约 120m，指标对应分级为 1 级。经判定，该样本区的适宜性等级为 5 级。

**2. 样本区（3-2）**

样本区位于研究区西北侧，东临琼州海峡，地势平坦。根据勘探孔 JDGK13 JDGK22、JDGK21 揭露：土体承载力值介于 100~200kPa，指标对应分级为 3 级；含水层厚度大于 12m，指标对应分级为 5 级；第 1 承压含水层顶板埋深 34~36m，指标对应分级为 5 级；第 2 承压含水层顶板埋深 112~123m，指标对应分级为 1 级。经判定，该样本区的适宜性等级为 5 级。

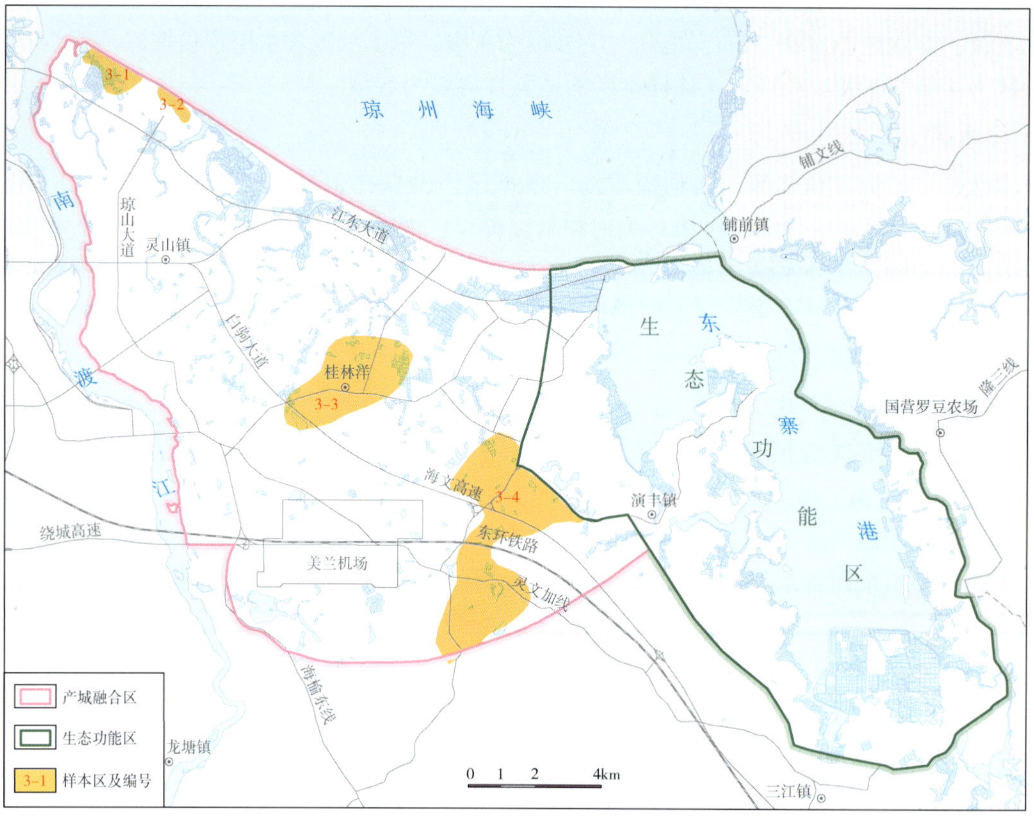


图 4-7　次深层（30~60m）样本区分布平面图

**3. 样本区（3-3）**

样本区位于研究区中部起步区南侧。根据勘探孔 JDSK28、JDSJ17、JDSJ28 揭露：土体承载力值介于 200~400kPa，指标对应分级为 2 级；含水层厚度在 0~3m，指标对应分级为 1 级；第 1 承压含水层顶板埋深介于 13~17m，30~60m 范围内无第 1 层承压水，指标对应分级为 1 级；第 2 承压含水层顶板埋深 62~78m，30~60m 范围内无第 2 层承压水，指标对应分级为 1 级。经判定，该样本区的适宜性等级为 1 级。

**4. 样本区（3-4）**

样本区位于研究区南侧，东邻生态区，地势较陡。根据勘探孔 JDGK68、JDSK53、JDGK75、JDSJ87 揭露：土体承载力值大于 400kPa，指标对应分级为 1 级；含水层厚度大于 12m，指标对应分级为 5 级；第 1 承压含水层顶板埋深介于 14~23m，30~60m 范围内无第 1 层承压水，指标对应分级为 1 级；第 2 承压含水层顶板埋深 30~42m，指标对应分级为 5 级。经判定，该样本区的适宜性等级为 5 级。

## （四）深层（60~100m）样本区选取

深层（60~100m）样本区平面分布情况如图 4-8 所示。

**1. 样本区（4-1）**

样本区位于研究区西北侧，东临琼州海峡，地势平坦。根据勘探孔 JDSJ71、JDSJ127、JDGK21 揭露：区内土体承载力值介于 200~400kPa，指标对应分级为 2 级；含水层厚度 0~3m，指标对应分级为 1 级；第 2 承压含水层顶板埋深大于 96m，指标对应分级为 1 级。经判定，该样本区的适宜性等级为 1 级。

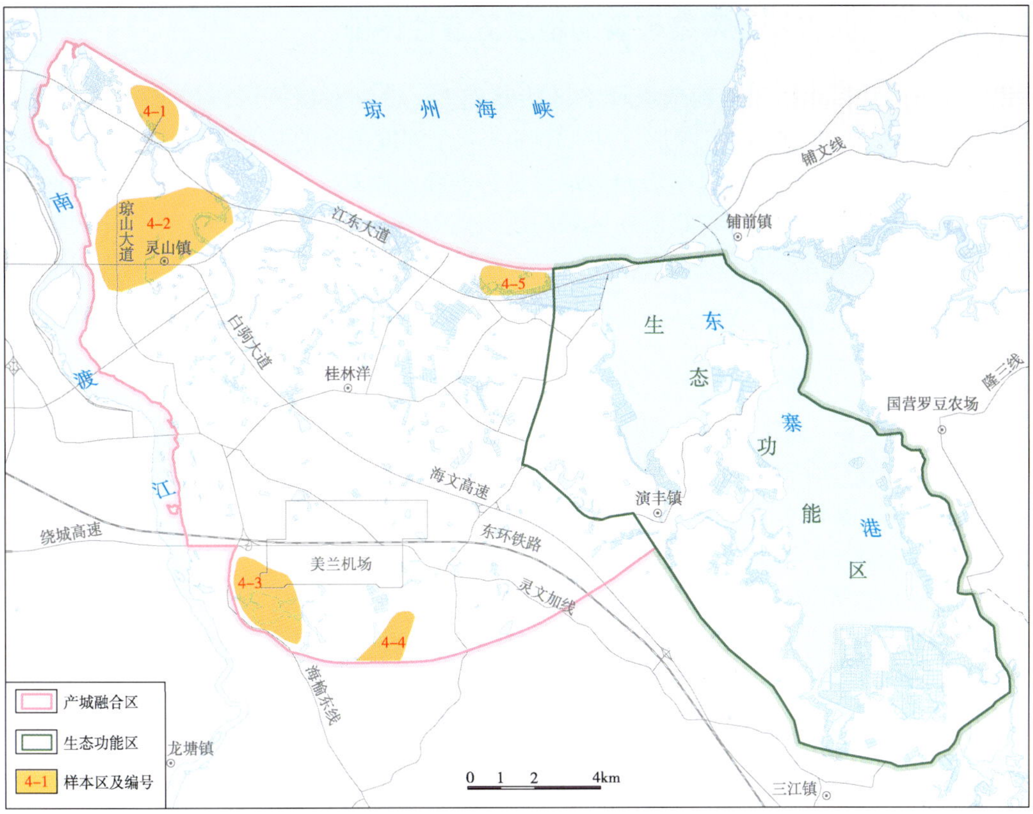


图 4-8　深层（60~100m）样本区分布平面图

**2. 样本区（4-2）**

样本区位于研究区西北侧，东临琼州海峡，地势平坦。根据勘探孔 JDGK18、JDGK25、JD-SJ205 揭露：区内土体承载力值大于 200kPa，指标对应分级为 1 级、2 级；含水层厚度 0~3m，指标对应分级为 1 级；第 2 承压含水层顶板埋深大于 96m，指标对应分级为 1 级；地下水属于无腐蚀性，指标对应分级为 1 级。经判定，该样本区的适宜性等级为 1 级。

**3. 样本区（4-3）**

样本区位于研究区西北侧，东临琼州海峡，地势平坦。根据勘探孔 JDGK193、JDSK13 揭露：区内土体承载力值大于 400kPa，指标对应分级为 1 级；含水层厚度大于 12m，指标对应分级为 5 级；第 2 承压含水层顶板埋深小于 86m，指标对应分级为 5 级；地下水属于无腐蚀性，指标对应分级为 1 级。经判定，该样本区的适宜性等级为 5 级。

**4. 样本区（4-4）**

样本区位于研究区东北侧，东临琼州海峡，地势平坦。根据勘探孔 JDSJ93、JDGK58 揭露：区内土体承载力值大于 400kPa，指标对应分级为 1 级；含水层厚度大于 12m，指标对应分级为 5 级；第 2 承压含水层顶板埋深小于 86m，指标对应分级为 5 级；地下水属于无腐蚀性，指标对应分级为 1 级。经判定，该样本区的适宜性等级为 5 级。

**5. 样本区（4-5）**

样本区位于研究区东北侧，东临琼州海峡，地势平坦。根据勘探孔 JDGK51、JDSJ108、JDGK57 揭露：区内土体承载力值大于 400kPa，指标对应分级为 1 级；含水层厚度大于 12m，指标对应分级为 5 级；第 2 承压含水层顶板埋深小于 86m，指标对应分级为 5 级；地下水属于无腐蚀性，指标对应分级为 1 级。经判定，该样本区的适宜性等级为 5 级。

## 三、基于 BP 人工神经网络模型的地质适宜性评价

在建立完善的指标体系和准确选取样本区的基础上，分别对研究区浅层（0~15m）、次浅层（15~30m）、次深层（30~60m）、深层（60~100m）4 个深度范围的开发利用适宜性进行评价。

样本区的质量好坏决定了神经网络预测结果是否准确，而对于地下空间适宜性评价这个过程来说，构建样本集时需预先确定样本集所在区域的适宜性等级，在此以前述样本区范围内的数据为样本集数据，进行神经网络训练。

### （一）浅层（0~15m）适宜性评价

基于 GIS 软件平台将研究区浅层（0~15m）以 50m×50m 为单元进行划分，共划分为 120113 个评价单元，样本集由 15875 个单元构成，剩余单元为测试集。对所有单元的数据进行归一化，其中各个评价指标取值对应的数据采用线性归一化公式归一至［0，1］区间。适宜性等级对应的数据归一化规则为：若某样本的适宜性等级为好、差，将此项数据依次量化为 0、1。

结合研究区浅层（0~15m）适宜性评价的指标体系，初步设置为输入层 10 个节点、输出层 1 个节点、中间层 10 个节点的 3 层网络结构。其中，输入层的 10 个节点分别对应土体承载力、饱和砂土厚度、膨胀土等 10 个评价指标，输出层的 1 个节点对应于该样本的适宜性等级。

在进行研究区浅层（0~15m）适宜性评价的神经网络训练时，通过对中间层节点个数的调整显示，当中间层取 7 个节点时网络的实际输出与期望输出最接近，测试集正确率为 92.0%。在此基础上将测试集导入训练好的网络，确定出其适宜性的初次分级结果。最后，考虑敏感因素活动断裂通过最不利判别法得出适宜性等级，最终成果如图 4-9 所示。

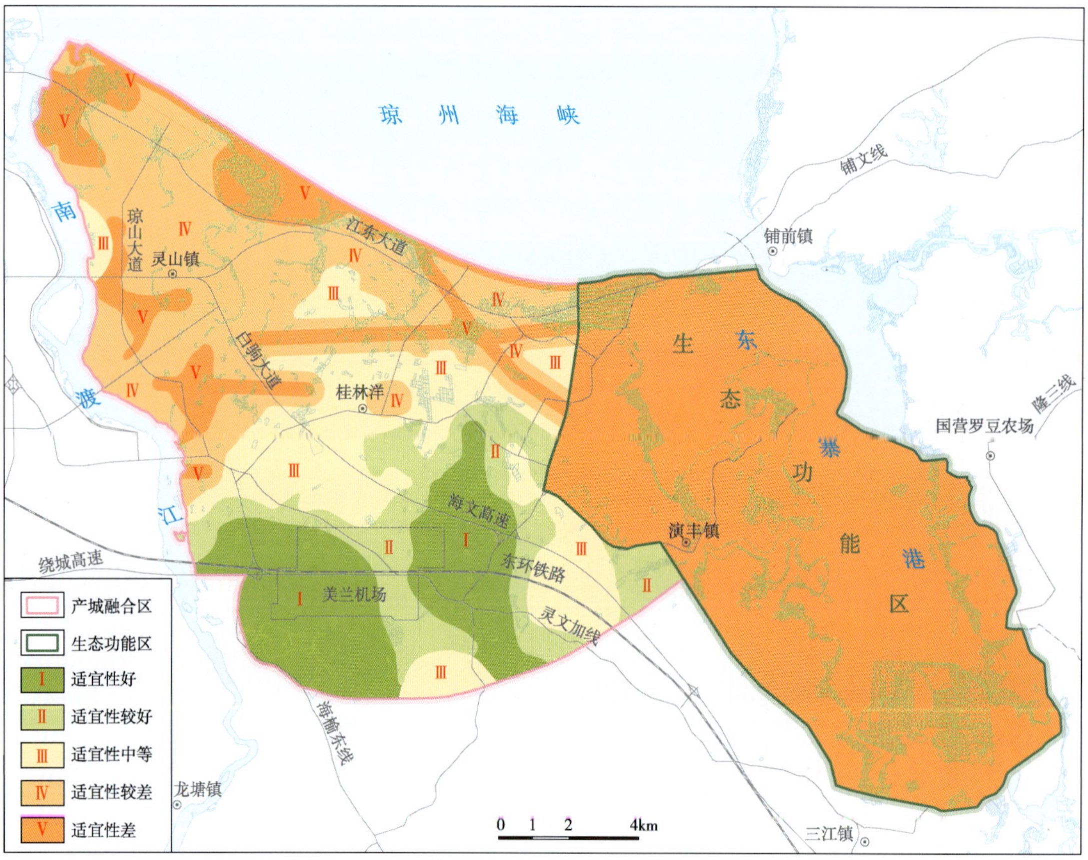


图 4-9　浅层（0~15m）地下空间开发利用适宜性分区图

研究区东部生态保护区包括国际重要湿地东寨港国家级自然保护区，面积为106km²，占总面积的35.57%，为了直观地反映区内适宜性分区情况，在面积统计时未纳入该生态保护区。研究区内地下空间开发利用适宜性好的区域（Ⅰ区）占总面积的18.68%，适宜性较好的区域（Ⅱ区）占总面积的13.29%，适宜性中等的区域（Ⅲ区）占总面积的21.13%，适宜性较差的区域（Ⅳ区）占总面积的31.81%，适宜性差的区域（Ⅴ区）占总面积的15.09%。各适宜性评价分区内具体各项指标分析结果详见表4-12。

**表4-12 研究区浅层（0~15m）适宜性评价一览表**

| 分区编号 | 地质条件分析 | 适宜性 |
|---|---|---|
| Ⅰ区 | 该区域距活断层距离大于1000m，活动断裂指标对应分级为1级；<br>区内无软土分布，软土厚度指标对应分级为1级；<br>区内无饱和砂土分布，饱和砂土厚度指标对应分级为1级；<br>据砂土液化分级图，全区均无砂土液化，砂土液化指标对应分级为1级；<br>区内土体承载力值大于200kPa，土体承载力指标对应分级为1级、2级、3级；<br>区内膨胀土厚度为0~10m，膨胀土指标对应分级为2级、3级；<br>区内第1承压含水层顶板埋深均大于13m，该顶板埋深指标对应分级为1级；<br>潜水埋深大于5m，潜水埋深指标对应分级为1级、2级；<br>区内含水层厚度介于0~6m之间，含水层厚度指标对应分级为1级、2级；<br>区内地下水无腐蚀性，地下水腐蚀性指标对应分级为1级 | 适宜性好 |
| Ⅱ区 | 该区域距活断层距离一般大于1000m，局部为800~1000m，活动断裂指标对应分级为1级、2级；<br>区内无软土分布，软土厚度指标对应分级为1级；<br>区内无饱和砂土分布，饱和砂土厚度指标对应分级为1级；<br>据砂土液化分级图，全区均无砂土液化，砂土液化指标对应分级为1级；<br>区内土体承载力值介于100~400kPa之间，土体承载力指标对应分级为2级、3级；<br>区内膨胀土厚度为0~10m，膨胀土指标对应分级为2级、3级；<br>区内第1承压含水层顶板埋深均大于26m，该顶板埋深指标对应分级为1级、2级；<br>潜水埋深为3~10m，潜水埋深指标对应分级为2级、3级；<br>区内含水层厚度介于0~6m之间，含水层厚度指标对应分级为1级、2级；<br>区内地下水为微腐蚀性，地下水腐蚀性指标对应分级为2级 | 适宜性较好 |
| Ⅲ区 | 该区域距活断层距离大于500m，活动断裂指标对应分级为1级、2级、3级；<br>区内软土厚度为0~6m，软土厚度指标对应分级为1级、2级、3级；<br>饱和砂土厚度为0~5m，饱和砂土厚度指标对应分级为2级；<br>据砂土液化分级图，全区基本无砂土液化，砂土液化指标对应分级为1级；<br>区内土体承载力值介于100~200kPa之间，土体承载力指标对应分级为3级；<br>区内膨胀土厚度为5~10m，膨胀土指标对应分级为3级；<br>区内第1承压含水层顶板埋深为9~13m，该顶板埋深指标对应分级为2级、3级；<br>潜水埋深为3~10m，潜水埋深指标对应分级为2级、3级；<br>区内含水层厚度介于3~6m之间，含水层厚度指标对应分级为2级；<br>区内大部分区域地下水为微腐蚀性，地下水腐蚀性指标对应分级为2级 | 适宜性中等 |
| Ⅳ区 | 该区域距活断层距离一般大于500m，活动断裂指标对应分级为2级、3级；<br>区内软土厚度为2~8m，软土厚度指标对应分级为2级、3级、4级；<br>饱和砂土厚度为5~12m，饱和砂土厚度指标对应分级为3级、4级；<br>据砂土液化分级图，大部分区域处于严重级别，局部区域处于中等级别，砂土液化指标对应分级为4级、5级；<br>区内土体承载力值小于100kPa，土体承载力指标对应分级为4级、5级；<br>区内第1承压含水层顶板埋深均大于13m，该顶板埋深指标对应分级为1级；<br>潜水埋深为1~5m，潜水埋深指标对应分级为3级、4级；<br>区内含水层厚度介于6~12m之间，含水层厚度指标对应分级为3级、4级；<br>区内大部分区域地下水为微腐蚀性，局部区域地下水为弱腐蚀性，该顶板埋深指标对应分级为2级、3级 | 适宜性较差 |

续表

| 分区编号 | 地质条件分析 | 适宜性 |
| --- | --- | --- |
| Ⅴ区 | 该区域距活断层距离小于 500m，活动断裂指标对应分级为 5 级；<br>区内软土厚度为 4~8m，软土厚度指标对应分级为 3 级、4 级；<br>饱和砂土厚度大于 5~12m，饱和砂土厚度指标对应分级为 3 级、4 级；<br>据砂土液化分级图，全区基本处于严重级别，砂土液化指标对应分级为 5 级；<br>区内土体承载力值小于 50kPa，土体承载力指标对应分级为 5 级；<br>区内第一承压含水层顶板埋深大于 13m，该顶板埋深指标对应分级为 2 级；<br>潜水埋深小于 3m，潜水埋深指标对应分级为 4 级、5 级；<br>区内大部分区域含水层厚度为 6~9m，含水层厚度指标对应分级为 3 级；<br>区内大部分区域地下水为微腐蚀性，地下水腐蚀性指标对应分级为 1 级、2 级 | 适宜性差 |

## （二）次浅层（15~30m）适宜性评价

基于 GIS 软件平台将研究区次浅层（15~30m）以 50m×50m 为单元进行划分，共划分为 120113 个评价单元。样本集由 9104 个单元构成，剩余单元为测试集。

结合研究区次浅层（15~30m）适宜性评价的指标体系，初步设置输入层 9 个节点、输出层 1 个节点、中间层 9 个节点的 3 层网络结构。其中，输入层的 9 个节点分别对应土体承载力、饱和砂土厚度、第 1 承压含水层顶板埋深等 9 个评价指标，输出层的 1 个节点对应于该样本的适宜性等级。

在进行研究区次浅层（15~30m）适宜性评价的神经网络训练时，通过对中间层节点个数的调整显示，当中间层取 5 个节点时网络的实际输出与期望输出最接近，测试集正确率为 88.5%。在此基础上将测试集导入训练好的网络，确定出其适宜性的初次分级结果。最后，考虑敏感因素活动断裂通过最不利判别法得出适宜性等级（图 4-10）。

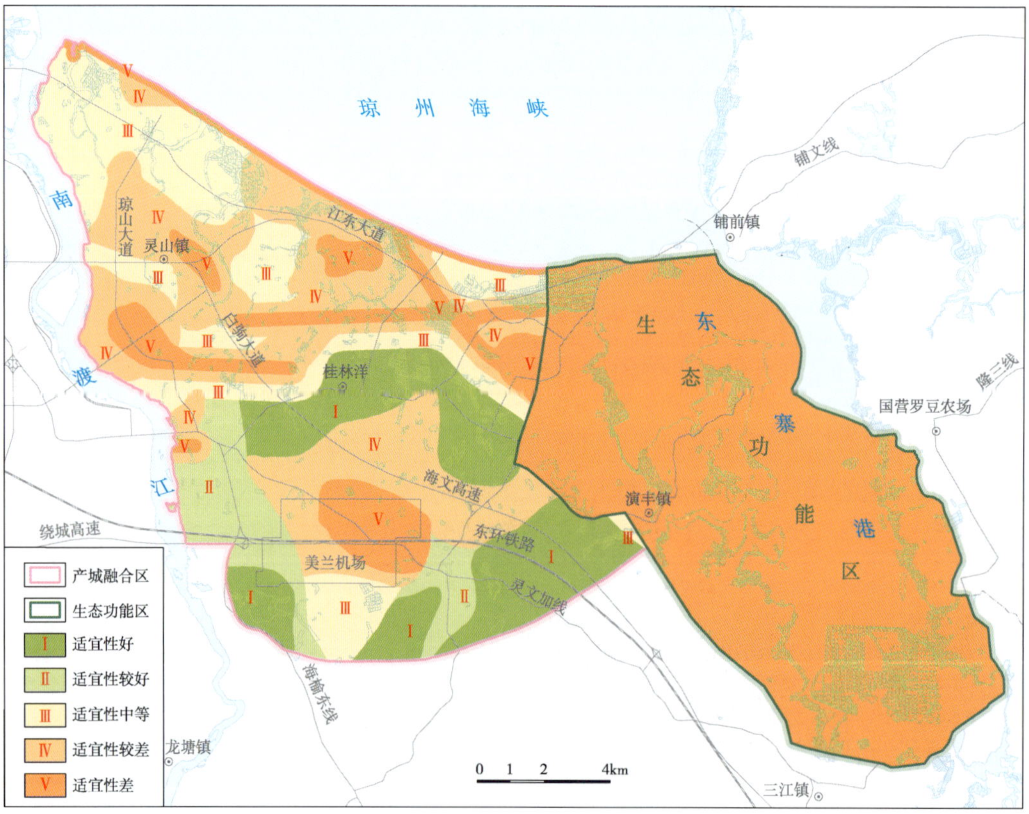


图 4-10 研究区次浅层（15~30m）地下空间开发利用适宜性分区图

同理，研究区次浅层（15~30m）适宜性评价分区面积统计时未纳入东部生态保护区。地下空间开发利用适宜性好的区域（Ⅰ区）占总面积的22.71%，适宜性较好的区域（Ⅱ区）占总面积的8.93%，适宜性中等的区域（Ⅲ区）占总面积的22.67%；适宜性较差的区域（Ⅳ区）占总面积的33.27%，适宜性差的区域（Ⅴ区）占总面积的12.43%。各适宜性评价分区内具体各项指标分析结果详见表4-13。

**表4-13 研究区次浅层（15~30m）适宜性评价结果**

| 分区编号 | 地质条件分析 | 适宜性 |
|---|---|---|
| Ⅰ区 | 该区域距活断层距离大于1000m，活动断裂指标对应分级为1级；<br>区内软土厚度为0~2m，软土厚度指标对应分级为1级；<br>区内基本无饱和砂土分布，饱和砂土厚度指标对应分级为1级；<br>据砂土液化分级图，全区均无砂土液化，砂土液化指标对应分级为1级；<br>区内土体承载力值大于200kPa，土体承载力指标对应分级为1级、2级；<br>区内第1承压含水层顶板埋深大于28m，该顶板埋深指标对应分级为1级；<br>第2承压含水层顶板埋深均大于28m，该顶板埋深指标对应分级为1级；<br>区内含水层厚度介于0~6m之间，含水层厚度指标对应分级为1级、2级；<br>区内地下水为微腐蚀性，地下水腐蚀性指标对应分级为2级 | 适宜性好 |
| Ⅱ区 | 该区域距活断层距离一般大于1000m，局部为800~1000m，活动断裂指标对应分级为1级、2级；<br>区内软土厚度大部分为0~2m，软土厚度指标对应分级为1级；<br>区内基本无饱和砂土分布，饱和砂土厚度指标对应分级为1级；<br>据砂土液化分级图，区内无砂土液化，砂土液化指标对应分级为1级；<br>区内土体承载力值介于200~400kPa之间，土体承载力指标对应分级为2级；<br>区内第1承压含水层顶板埋深大于28m，该顶板埋深指标对应分级为1级；<br>第2承压含水层顶板埋深大于26m，该顶板埋深指标对应分级为1级、2级；<br>区内含水层厚度介于3~9m之间，含水层厚度指标对应分级为2级、3级；<br>区内大部分区域地下水为微腐蚀性，地下水腐蚀性指标对应分级为2级 | 适宜性较好 |
| Ⅲ区 | 该区域距活断层距离一般大于1000m，局部为500~800m，活动断裂指标对应分级为1级、3级；<br>区内软土厚度为0~2m，软土厚度指标对应分级为1级；<br>饱和砂土厚度为0~5m，饱和砂土厚度指标对应分级为1级、2级；<br>据砂土液化分级图，大部分区域处于严重级别，局部区域无砂土液化，砂土液化指标对应分级为1级、5级；<br>区内土体承载力值小于200kPa，土体承载力指标对应分级为3级、4级、5级；<br>区内第1承压含水层顶板埋深基本大于28m，该含水层顶板埋深指标对应分级为1级；<br>第2承压含水层顶板埋深均大于28m，该含水层顶板埋深指标对应分级为1级；<br>区内含水层厚度介于3~9m之间，含水层厚度指标对应分级为2级、3级；<br>区内大部分区域地下水为微腐蚀性，局部区域地下水为弱腐蚀性，地下水腐蚀性指标对应分级为2级、3级 | 适宜性中等 |
| Ⅳ区 | 该区域距活断层距离一般为200~500m，活动断裂指标对应分级为3级、4级；<br>区内软土厚度为0~2m，软土厚度指标对应分级为1级；<br>饱和砂土厚度为0~5m，饱和砂土厚度指标对应分级为1级、2级；<br>据砂土液化分级图，大部分区域处于严重级别，局部区域处于中等级别，砂土液化指标对应分级为4级、5级；<br>区内土体承载力值小于200kPa，土体承载力指标对应分级为3级、4级、5级；<br>区内第1承压含水层顶板埋深均小于24m，该含水层顶板埋深指标对应分级为3级、4级、5级；<br>第2承压含水层顶板埋深均大于28m，该含水层顶板埋深指标对应分级为1级；<br>区内含水层厚度介于3~9m之间，含水层厚度指标对应分级为2级、3级；<br>区内大部分区域地下水为弱腐蚀性和中等腐蚀性，地下水腐蚀性指标对应分级为2级、3级 | 适宜性较差 |

续表

| 分区编号 | 地质条件分析 | 适宜性 |
| --- | --- | --- |
| Ⅴ区 | 该区域距活断层距离小于200m，活动断裂指标对应分级为5级；<br>区内软土厚度为0~2m，软土厚度指标对应分级为1级；<br>饱和砂土厚度为5~8m，饱和砂土厚度指标对应分级为2级、3级；<br>据砂土液化分级图，大部分区域处于严重液化级别，局部区域处于轻微液化级别，砂土液化指标对应分级为1级、4级；<br>区内土体承载力值小于200kPa，土体承载力指标对应分级为3级、4级、5级；<br>区内第1承压含水层顶板埋深小于22m，该含水层顶板埋深指标对应分级为5级；<br>第2承压含水层顶板埋深大于28m，该含水层顶板埋深指标对应分级为1级；<br>区内大部分区域含水层厚度为3~9m，含水层厚度指标对应分级为2级、3级；<br>区内大部分区域地下水为弱腐蚀性和中等腐蚀性，该含水层顶板埋深指标对应分级为2级、3级 | 适宜性差 |

## （三）次深层（30~60m）适宜性评价

基于GIS软件平台将研究区次深层（30~60m）以50m×50m为单元进行划分，样本集由8078个单元构成，剩余单元为测试集。

结合研究区次深层（30~60m）适宜性评价的指标体系，初步设置输入层6个节点、输出层1个节点、中间层6个节点的3层网络结构。其中，输入层的6个节点分别对应饱和含水层厚度、土质均匀性、第2承压含水层顶板埋深等6个变量，输出层的1个节点对应于该样本的适宜性等级。

在进行研究区次深层（30~60m）适宜性评价的神经网络训练时，通过中间层节点个数的调整显示，当中间层取8个节点时网络的实际输出与期望输出最接近，测试集正确率为89.00%。在此基础上将测试集导入训练好的网络，确定出其适宜性的初次分级结果。最后，考虑敏感因素活动断裂通过最不利判别法得出适宜性等级（图4-11）。

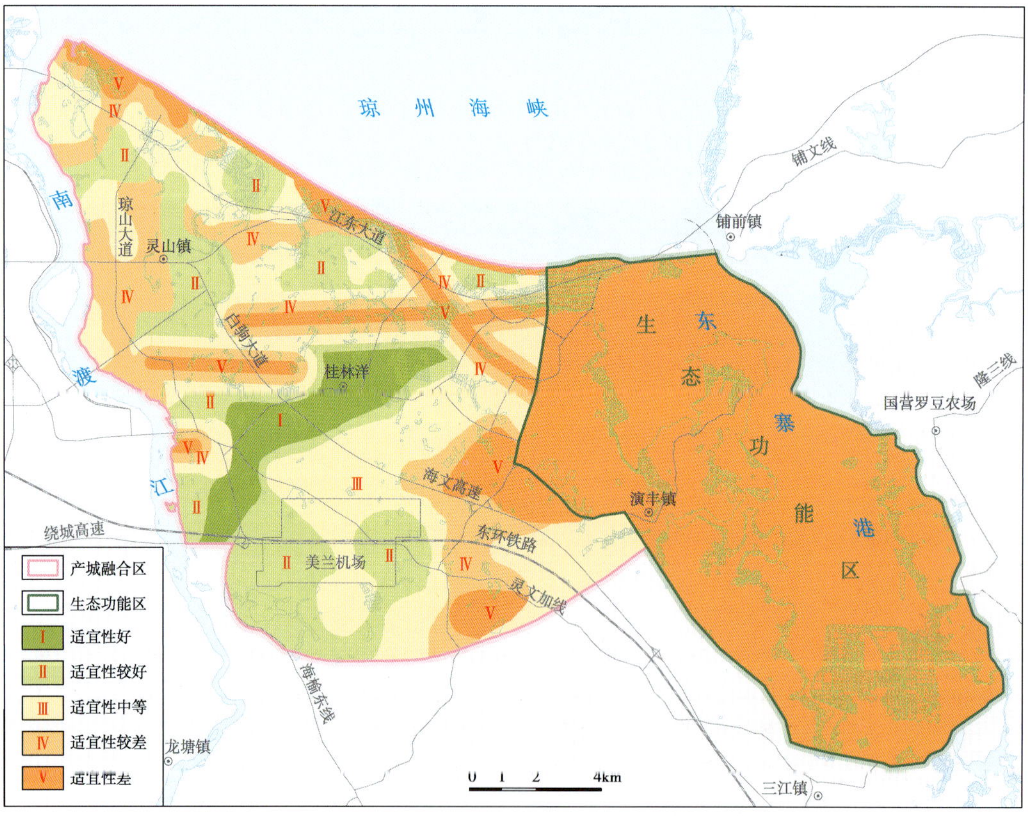


图4-11 研究区次深层（30~60m）地下空间开发利用适宜性分区图

同理，研究区次深层（30~60m）适宜性评价分区面积统计时未纳入东部生态保护区。地下空间开发利用适宜性好的区域（Ⅰ区）占总面积的9.02%，适宜性较好的区域（Ⅱ区）占总面积的24.11%，适宜性中等的区域（Ⅲ区）占总面积的34.32%，适宜性较差的区域（Ⅳ区）占总面积的21.92%，适宜性差的区域（Ⅴ区）占总面积的10.63%。各适宜性评价分区内具体各项指标分析结果详见表4-14。

**表4-14　研究区次深层（30~60m）适宜性评价结果**

| 分区编号 | 地质条件分析 | 适宜性 |
|---|---|---|
| Ⅰ区 | 该区域距活断层距离大于1000m，活动断裂指标对应分级为1级；<br>区内土体承载力值大部分介于200~400kPa之间，土体承载力指标对应分级为2级；<br>区内第1承压含水层顶板埋深均大于56m，该含水层顶板埋深指标对应分级为1级；<br>第2承压含水层顶板埋深大于56m，该含水层顶板埋深指标对应分级为1级；<br>区内含水层厚度介于0~3m之间，含水层厚度指标对应分级为1级；<br>区内地下水为微腐蚀性，地下水腐蚀性指标对应分级为2级 | 适宜性好 |
| Ⅱ区 | 该区域距活断层距离大于800m，活动断裂指标对应分级为1级、2级；<br>区内土体承载力值介于200~400kPa之间，土体承载力指标对应分级为2级；<br>区内第1承压含水层顶板埋深大于56m，该含水层顶板埋深指标对应分级为1级；<br>第2承压含水层顶板埋深大于56m，该含水层顶板埋深指标对应分级为1级；<br>区内含水层厚度介于0~6m之间，含水层厚度指标对应分级为1级、2级；<br>区内地下水为微腐蚀性，地下水腐蚀性指标对应分级为2级 | 适宜性较好 |
| Ⅲ区 | 该区域距活断层距离不等，一般为500~800m或大于1000m，活动断裂指标对应分级为1级、3级；<br>区内土体承载力值介于100~200kPa之间，土体承载力指标对应分级为3级；<br>区内第1承压含水层顶板埋深大于48m，该含水层顶板埋深指标对应分级为2级、3级；<br>第2承压含水层顶板埋深大于44m，该含水层顶板埋深指标对应分级为2级、3级、4级；<br>区内含水层厚度介于0~9m之间，含水层厚度指标对应分级为1级、2级、3级；<br>区内地下水为微或弱腐蚀性，地下水腐蚀性指标对应分级为2级、3级 | 适宜性中等 |
| Ⅳ区 | 该区域距活断层距离大于200m或大于1000m，活动断裂指标对应分级为1级、4级；<br>区内土体承载力大于200kPa，土体承载力指标对应分级为1级、2级；<br>区内第1承压含水层顶板埋深大于48m，该含水层顶板埋深指标对应分级为1级、2级、3级；<br>第2承压含水层顶板埋深大于56m，该含水层顶板埋深指标对应分级为1级；<br>区内含水层厚度介于6~12m之间，含水层厚度指标对应分级为3级、4级；<br>区内地下水为微或弱腐蚀性，地下水腐蚀性指标对应分级为2级、3级 | 适宜性较差 |
| Ⅴ区 | 该区距活断层距离较近，一般小于500m，活动断裂指标对应分级为4级、5级；<br>区内土体承载力值大于200kPa，土体承载力指标对应分级为1级、2级；<br>区内第1承压含水层顶板埋深小于44m，该含水层顶板埋深指标对应分级为5级；<br>第2承压含水层顶板埋深小于44m，部分区域埋深大于56m，该含水层顶板埋深指标对应分级为1级、5级；<br>区内含水层厚度大于12m，含水层厚度指标对应分级为5级；<br>区内地下水为微或无腐蚀性，局部为中等腐蚀性，地下水腐蚀性指标对应分级为2级、3级、4级 | 适宜性差 |

### （四）深层（60~100m）适宜性评价

基于GIS软件平台将研究区深层（60~100m）以50m×50m为单元进行划分，样本集由6514个单元构成，剩余单元为测试集。

结合研究区深层（60~100m）适宜性评价的指标体系，初步设置输入层6个节点、输出层1个节点、中间层6个节点的3层网络结构。其中，输入层的6个节点分别对应土质均匀性、第2承压含水层顶板埋深、活动断裂等6个变量，输出层的1个节点对应于该样本的适宜性等级。

在进行研究区深层（60~100m）适宜性评价的神经网络训练时，通过中间层节点个数的调整显示，当中间层取10个节点时网络的实际输出与期望输出最接近，测试集正确率为91.06%。在此基础上将测试集导入训练好的网络，确定出其适宜性的初次分级结果。最后，考虑敏感因素活动断裂通过最不利判别法得出适宜性等级（图4-12）。

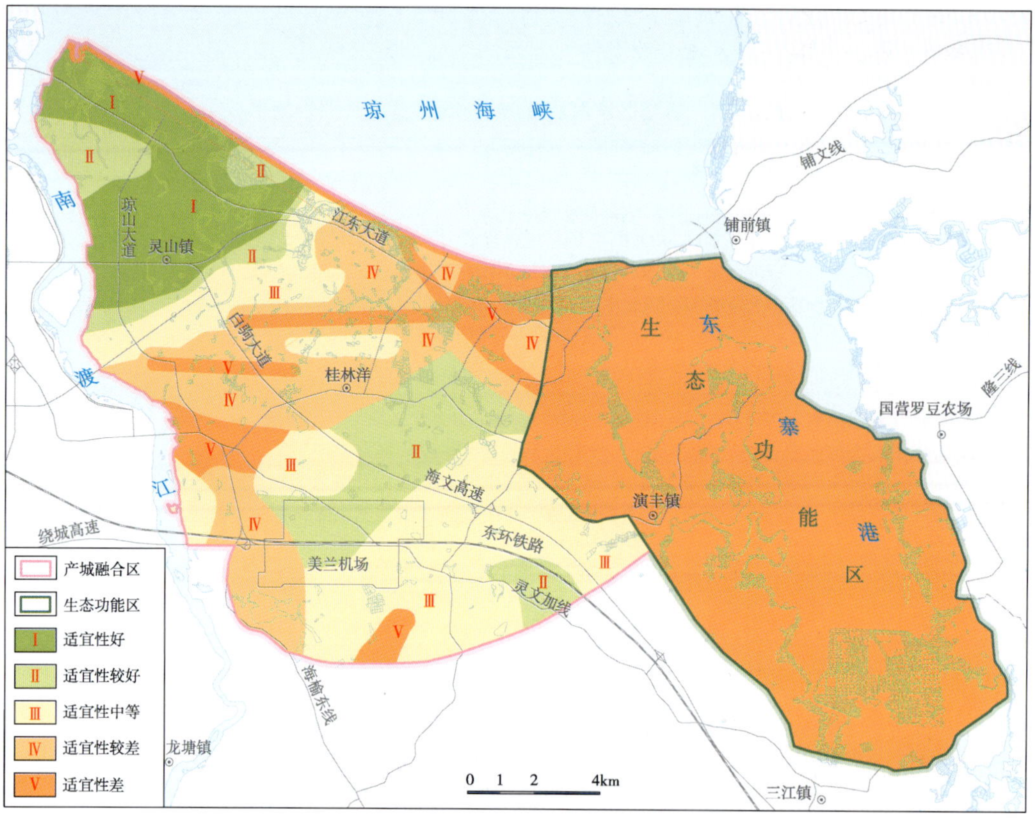

图4-12　研究区深层（60~100m）地下空间开发利用适宜性分区图

同理，研究区深层（60~100m）适宜性评价面积统计时未纳入东部生态保护区。地下空间开发利用适宜性好的区域（Ⅰ区）占总面积的17.28%，适宜性较好的区域（Ⅱ区）占总面积的18.20%，适宜性中等的区域（Ⅲ区）占总面积的31.45%，适宜性较差的区域（Ⅳ区）占总面积的23.03%，适宜性差的区域（Ⅴ区）占总面积的10.03%。各适宜性评价分区内具体各项指标分析结果详见表4-15。

**表4-15　研究区深层（60~100m）适宜性评价结果**

| 分区编号 | 地质条件分析 | 适宜性 |
|---|---|---|
| Ⅰ区 | 该区域距活断层距离大于1000m，活动断裂指标对应分级为1级；<br>区内土体承载力值为200~400kPa，局部小于50kPa，土体承载力指标对应分级为2级；<br>区内土质大部分为均匀，局部为较均匀，土质均匀性指标对应分级为1级、2级；<br>区内第2承压含水层顶板埋深均大于96m，该含水层顶板埋深指标对应分级为1级；<br>区内含水层厚度介于0~6m，含水层厚度指标对应分级为1级、2级；<br>区内地下水腐蚀性对应分级为1级、2级 | 适宜性好 |
| Ⅱ区 | 该区域距活断层距离大于1000m，活动断裂指标对应分级为2级；<br>区内土体承载力值大部分大于200kPa，土体承载力指标对应分级为1级、2级；<br>区内土质大部分为均匀，局部为较均匀，土质均匀性指标对应分级为1级、2级；<br>区内第2承压含水层顶板埋深均大于96m，该含水层顶板埋深指标对应分级为1级；<br>区内含水层厚度介于3~9m，含水层厚度指标对应分级为2级、3级；<br>区内地下水腐蚀性对应分级为1级、2级 | 适宜性较好 |

续表

| 分区编号 | 地质条件分析 | 适宜性 |
| --- | --- | --- |
| Ⅲ区 | 该区域距活断层距离大于500m，活动断裂指标对应分级为1级、2级、3级；<br>区内土体承载力值大部分大于400 kPa，土体承载力指标对应分级为1级；<br>区内土质均匀性大部分为较不均匀，局部为较均匀，土质均匀性指标对应分级为1级、2级；<br>区内第2承压含水层顶板埋深多数介于84~92m，局部小于100m，该含水层顶板埋深指标对应分级为3级、4级；<br>区内含水层厚度介于3~12m，部分大于12m，含水层厚度指标对应分级为2级、3级、4级、5级；<br>区内地下水腐蚀性对应分级为1级、2级 | 适宜性中等 |
| Ⅳ区 | 该区域距活断层距离介于200~500m，活动断裂指标对应分级为4级；<br>区内土体承载力值大部分大于400kPa，土体承载力指标对应分级为1级；<br>区内土质均匀性大部分为较不均匀，土质均匀性指标对应分级为3级、4级、5级；<br>区内第2承压含水层顶板埋深均小于84m，该含水层顶板埋深指标对应分级为4级、5级；<br>区内含水层厚度介于3~12m，含水层厚度指标对应分级为2级、3级、4级；<br>区内地下水腐蚀性对应分级为1级 | 适宜性较差 |
| Ⅴ区 | 该区域距活断层距离小于1000m，活动断裂指标对应分级为2级、3级、4级、5级；<br>区内土体承载力值大部分大于200kPa，土体承载力指标对应分级为1级、2级；<br>区内土质均匀性大部分为较不均匀，土质均匀性指标对应分级为3级、4级、5级；<br>区内第2承压含水层顶板埋深均小于84m，该含水层顶板埋深指标对应分级为4级、5级；<br>区内含水层厚度介于6~9m，含水层厚度指标对应分级为3级；<br>区内地下水腐蚀性对应分级为1级 | 适宜性差 |

# 第二节　地下空间开发利用价值评价

研究区地下空间开发利用价值主要从人口、区位、交通、土地以及市政5个方面进行评价。

## 一、指标体系与权重

### （一）评价指标

#### 1. 人口

海口江东新区的总人口在25万人左右（截至2017年），规划面积298km$^2$，平均人口密度约为839人/km$^2$，区内人口密度相差较大。灵山镇全镇总面积112.3km$^2$，常住人口12万人，属人口密度相对较大的区，人口密度达到1069人/km$^2$，随着海口市中心城区的东移，灵山镇已成为海口市开发建设的重点地区之一。演丰镇人口在2万人左右，辖区面积119.78km$^2$，属于人口密度相对较小的区，密度约为166人/km$^2$。结合以上数据和《海口江东新区总体规划纲要（2018—2035）》中的村镇发展指引，将研究区人口分为5个等级（表4-16；图4-13）。

表4-16　人口因素等级划分

| 人口密度等级 | 稠密 | 较稠密 | 一般 | 较稀疏 | 稀疏 |
| --- | --- | --- | --- | --- | --- |
| 常住人口密度/（人·km$^{-2}$） | >1500 | 1500~1000 | 1000~500 | 500~200 | <200 |
| 流动人口密度/（人·km$^{-2}$） | >8000 | 8000~5000 | 5000~3000 | 3000~2000 | <2000 |
| 空间扩展需求 | 强烈 | 较强烈 | 一般 | 较小 | 小 |
| 指标取值 | 1~0.8 | 0.8~0.6 | 0.6~0.4 | 0.4~0.2 | 0.2~0 |

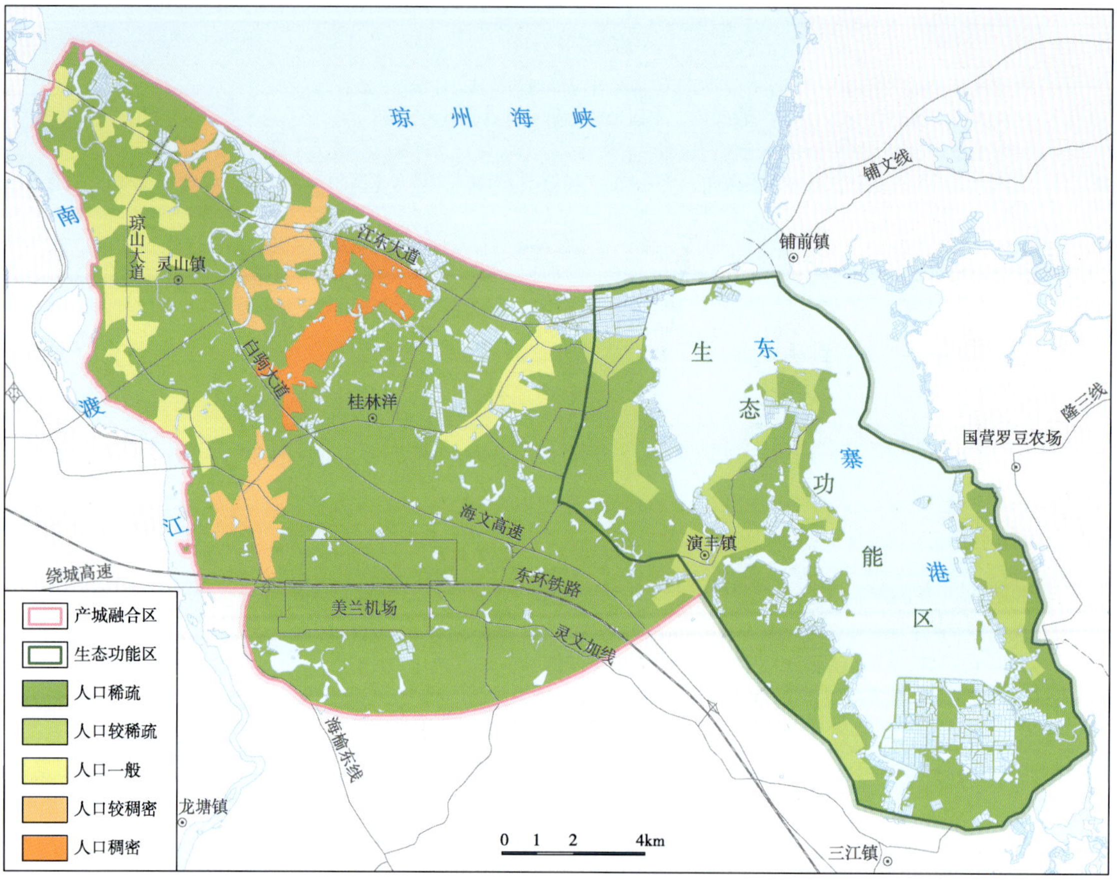


图 4-13 人口密度等级图

## 2. 交通

海口江东新区规划了4条轨道交通路线，待建规划道路也较为合理完善，目前拥有海文高速公路、东环铁路及文昌跨海大桥，还有海南省客流量最大的机场，未来交通通达度将成为江东新区最大的亮点之一。根据《海口江东新区总体规划纲要（2018—2035）》的道路交通规划及轨道交通规划，将研究区交通区位分为5个等级，一级为重要交通枢纽及客运中心，二级为交通枢纽及换乘站，三级为轨道交通换乘站，四级为轨道交通车站，五级级为非交通节点（表4-17；图4-14）。

**表 4-17 交通因素等级划分**

| 区位级别 | 一级 | 二级 | 三级 | 四级 | 五级 |
| --- | --- | --- | --- | --- | --- |
| 节点类型 | 重要交通枢纽及客运中心 | 交通枢纽及换乘站 | 轨道交通换乘站 | 轨道交通车站 | 非交通节点 |
| 特征 | 人口稠密，交通繁忙，建筑物密度高，坐落于商业、娱乐以及体育中心 | 人口较为稠密，交通繁忙，坐落于商业、娱乐以及体育中心 | 人流车流集中，土地资源紧张 | 人口一般，商业较繁荣 | 一般区域 |
| 空间扩展需求 | 强烈 | 较强烈 | 一般 | 较小 | 小 |
| 指标取值 | 1~0.8 | 0.8~0.6 | 0.6~0.4 | 0.4~0.2 | 0.2~0 |

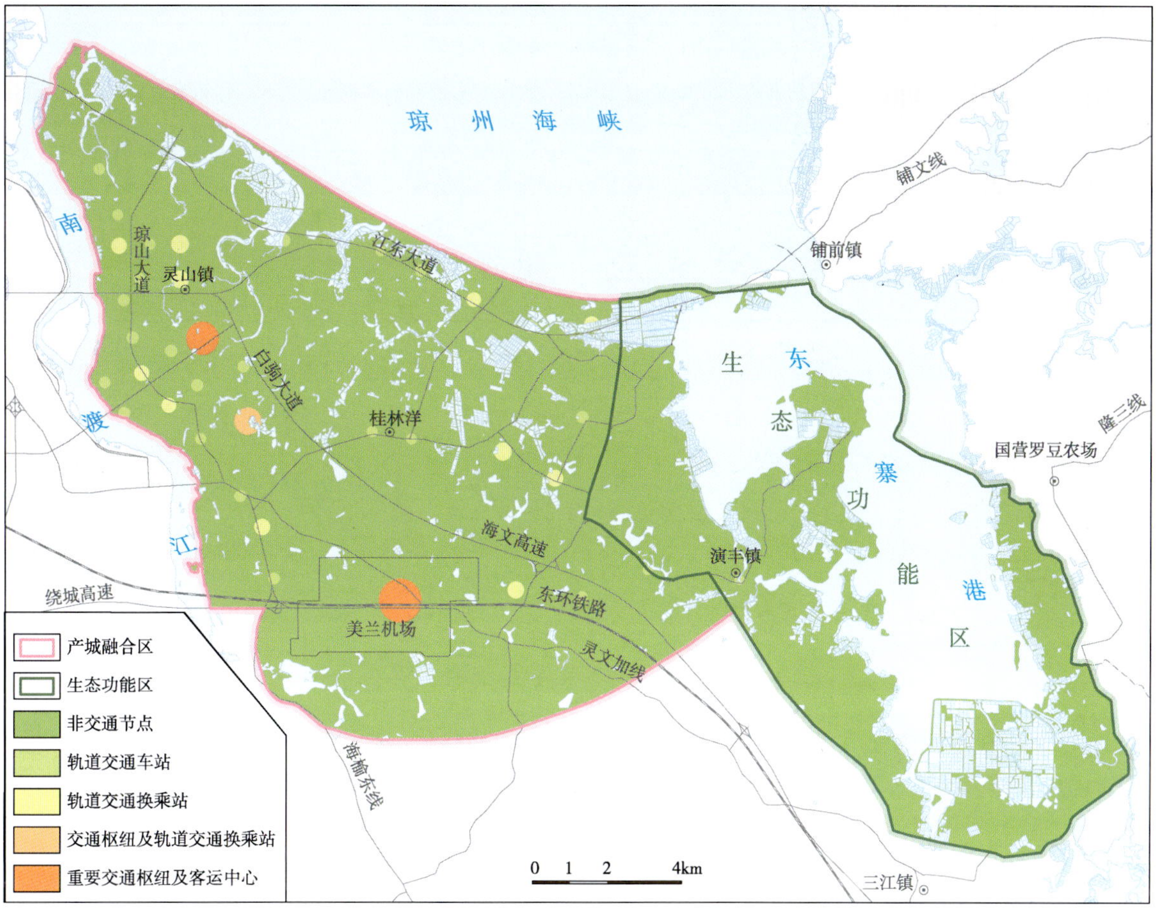


图 4-14　交通区位等级图

### 3. 土地

参考 2013 年海口市城区基准地价表，海口江东新区的桂林洋片区基准地价为 1120 元/m²，桂林洋大学城片区为 1100 元/ m²，灵山片区为 1050 元/m²。根据《海口江东新区总体规划纲要（2018—2035）》的功能布局，将研究区土地因素等级分为 5 个级别（表 4-18～表 4-20；图 4-15）。

**表 4-18　商业基准地价对地下空间资源经济价值影响**

| 区间数值范围 | 经济价值 | 区间数值范围 | 经济价值 |
|---|---|---|---|
| $(4Y_{max}+Y_{min})/5 \sim Y_{max}$ | 高 | $(Y_{max}+4Y_{min})/5 \sim (2Y_{max}+3Y_{min})/5$ | 较低 |
| $(3Y_{max}+2Y_{min})/5 \sim (4Y_{max}+Y_{min})/5$ | 较高 | $Y_{min} \sim (Y_{max}+4Y_{min})/5$ | 最低 |
| $(Y_{max}+3_{min})/5 \sim (3Y_{max}+2Y_{min})/5$ | 中 | | |

注：$Y$ 为基准地价。

**表 4-19　土地因素等级划分**

| 地价等级 | 一级 | 二级 | 三级 | 四级 | 五级 |
|---|---|---|---|---|---|
| 基准地价/(元·m$^{-2}$) | >4000 | 4000～3000 | 3000～2000 | 2000～1000 | <1000 |
| 指标取值 | 1～0.8 | 0.8～0.6 | 0.6～0.4 | 0.4～0.2 | 0.2～0 |

**表 4-20　研究区土地因素等级划分**

| 分级 | 说明 |
|---|---|
| 一级 | 滨海度假区、永不落幕的进博会区、滨江国际活力中心、滨海生态 CBD 总部聚集中心区、桂林洋国际离岸创新创业组团（除美丽乡村区）、高教科研区、文化消费与新兴消费区、综合保税区 |
| 二级 | 国家领事馆区、公共服务区、航站区、非综合保税区、航空服务与自贸服务区 |
| 三级 | 美丽乡村区 |
| 四级 | 一般区域 |
| 五级 | 生态保护区 |

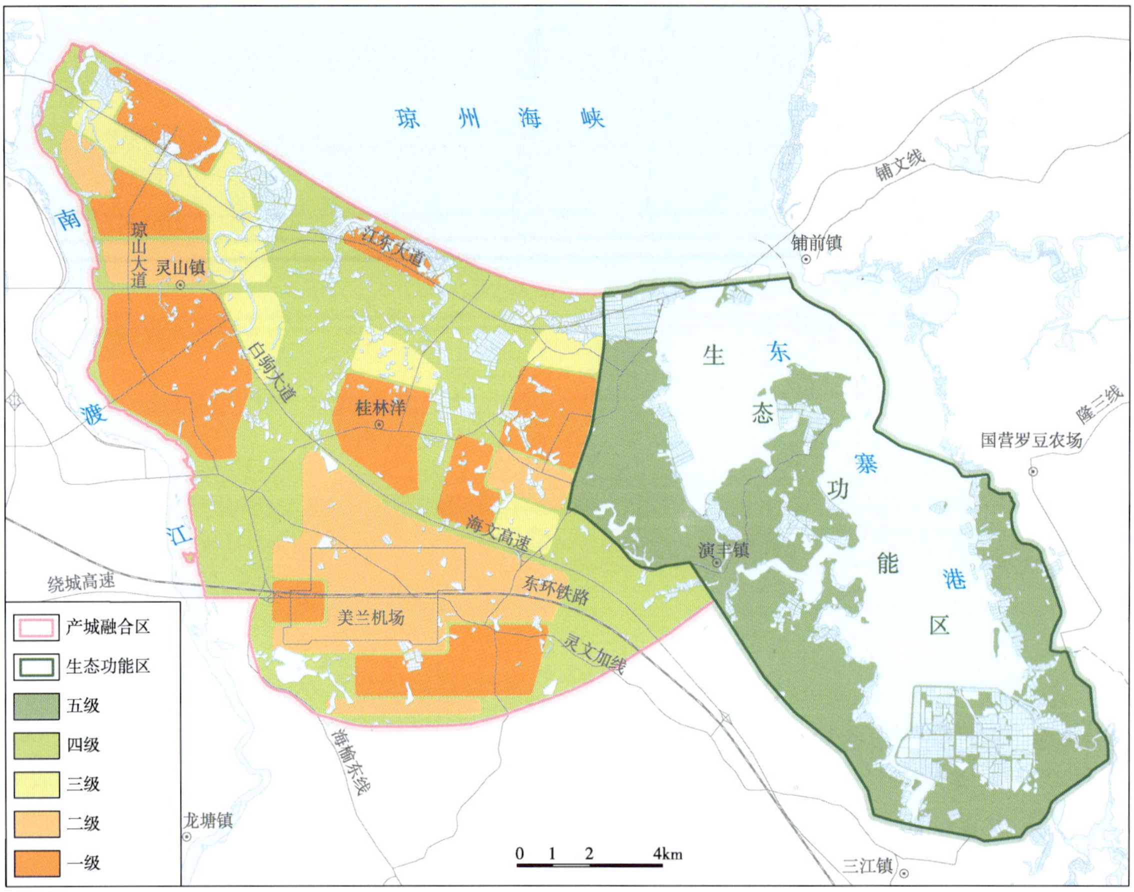


图 4-15　土地等级图

## 4. 区位

据《海口江东新区总体规划纲要（2018—2035）》空间结构图，未来江东新区将建成“两心一港”城乡一体的和谐示范区，其中“两心”指滨海生态 CBD 总部聚集中心、滨江国际活力中心；“一港”指海口美兰空港综合发展区，并以此为依据将研究区区位等级分为 5 个级别（表 4-21；图 4-16）。一级为市级商业中心，包括滨海生态 CBD 总部聚集中心、滨江国际活力中心。二级为市级综合中心，也即海口美兰空港综合发展区。三级为区级商业中心，包括三江口国际文化交往组团、桂林洋国际离岸创新创业组团以及桂林洋国际高教科研组团的城市区域。四级为其他中心，包括三江口国际文化交往组团、桂林洋国际离岸创新创业组团以及桂林洋国际高教科研组团的工厂、科研场所、园林等区域。五级为一般区域。

**表 4-21　区位等级划分**

| 区位等级 | 市级商业中心 | 市级综合中心 | 区级商业中心 | 其他中心 | 一般地段 |
| --- | --- | --- | --- | --- | --- |
| 指标取值 | 1~0.8 | 0.8~0.6 | 0.6~0.4 | 0.4~0.2 | 0.2~0 |

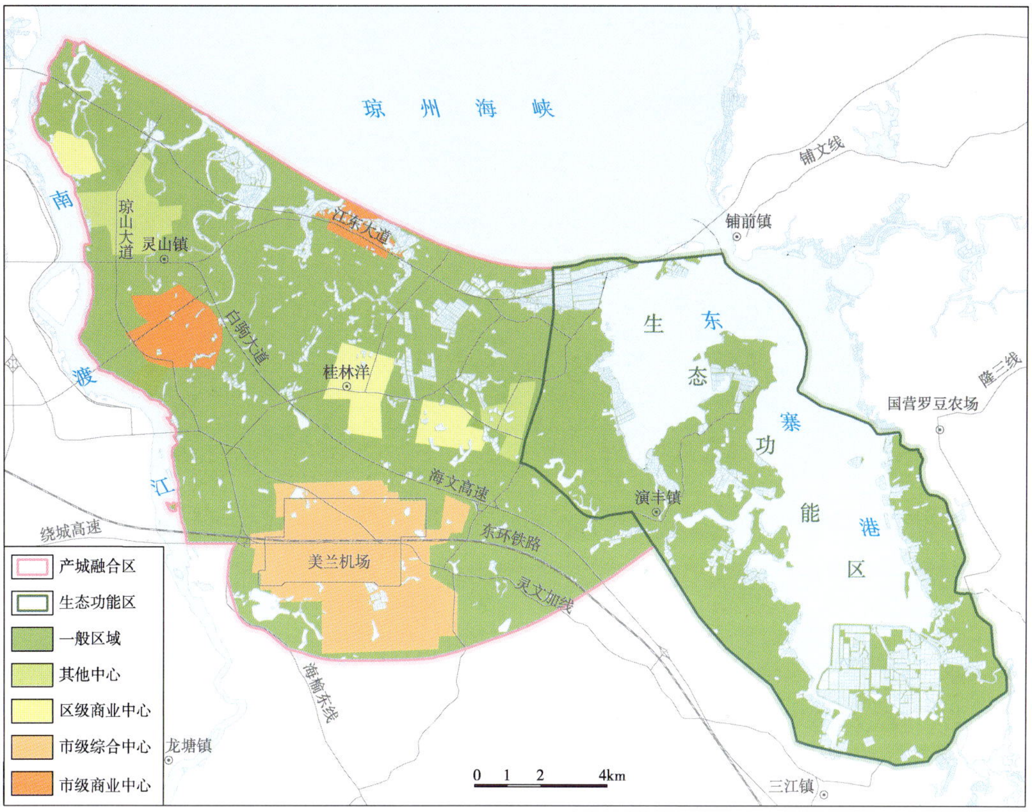


图 4-16　区位等级图

## 5. 市政

根据《海口江东新区总体规划纲要（2018—2035）》给水工程规划图、污水工程规划图、雨水工程规划图、再生水工程规划图、电力工程规划图、通信工程规划图、燃气工程规划图、环卫工程规划图、综合防灾规划图，提取了江东新区市政设施分布范围，将研究区市政状况因素分为 5 级（表 4-22~图 4-23；图 4-17）。

**表 4-22　市政设施等级划分**

| 市政设施等级 | 密集 | 较密集 | 一般 | 较稀疏 | 稀疏 |
| --- | --- | --- | --- | --- | --- |
| 指标取值 | 1~0.8 | 0.8~0.6 | 0.6~0.4 | 0.4~0.2 | 0.2~0.0 |

**表 4-23　研究区市政状况等级划分**

| 分级 | 说明 |
| --- | --- |
| 一级 | 5 条以上市政管线分布，市政设施密集 |
| 二级 | 3~5 条市政管线分布，市政设施较密集 |
| 三级 | 1~3 条市政管线分布，市政设施分布一般 |
| 四级 | 单条市政管线分布，市政设施较稀疏 |
| 五级 | 无市政管线分布，市政设施稀疏 |

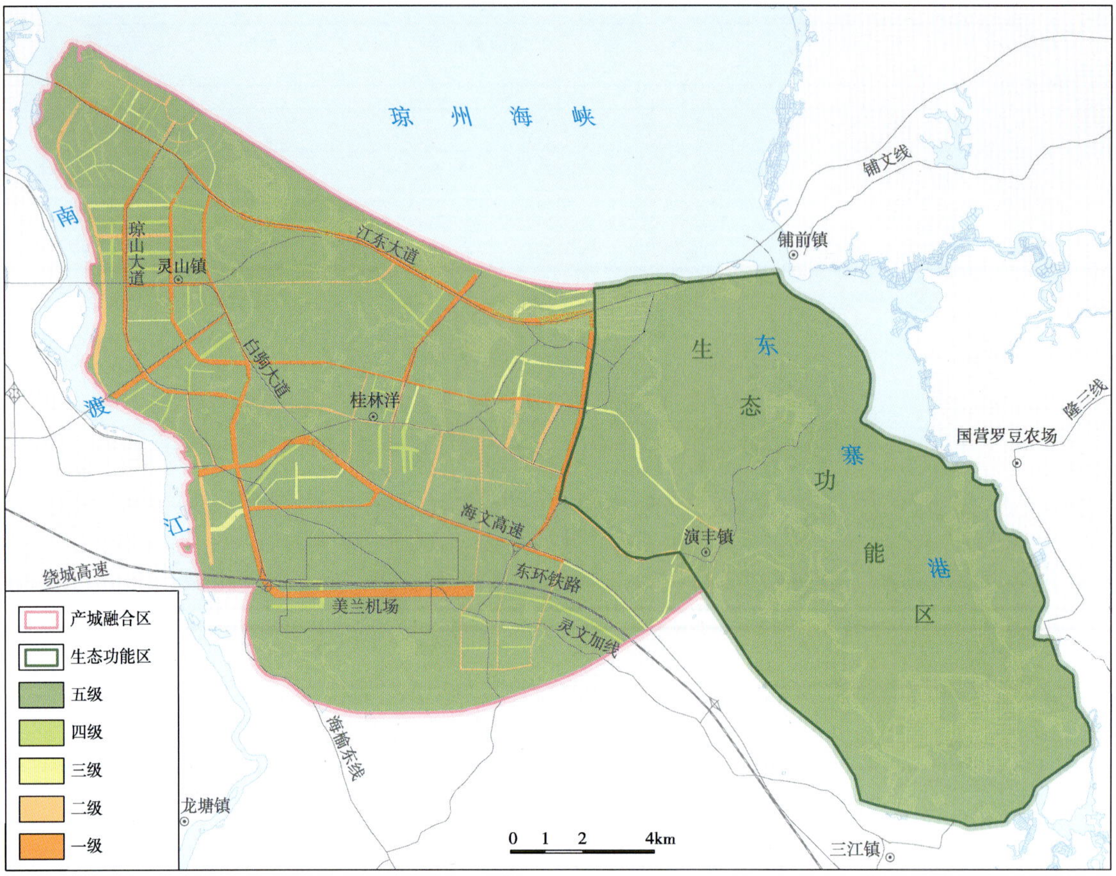


图 4-17 市政状况等级图

## （二）指标权重

基于社会经济因素评价体系的专家打分，采用层次分析法进行权重判断（表 4-24），其结果通过了一致性检验。

**表 4-24 研究区社会经济因素评价体系判断矩阵及一致性检验**

| 一致性检验 | 人口 | 交通 | 土地 | 区位 | 市政 | 权重 |
|---|---|---|---|---|---|---|
| 人口 | 1 | 2 | 3 | 5 | 7 | 0. 3263 |
| 交通 | 1/2 | 1 | 2 | 3 | 5 | 0. 3263 |
| 土地 | 1/3 | 1/2 | 1 | 2 | 3 | 0. 1799 |
| 区位 | 1/5 | 1/3 | 1/2 | 1 | 2 | 0. 1068 |
| 市政 | 1/7 | 1/5 | 1/3 | 1/2 | 1 | 0. 0607 |
| $\lambda_{max}=5.0153$，$CI=0.0038$，$CR=0.0034<0.10$（一致性检验） | | | | | | |

## 二、评价结果

根据加权平均算法，得到最后的地下空间价值评价模型总得分：

$$S = 0.3263S_1 + 0.3263S_2 + 0.1799S_3 + 0.1068S_4 + 0.0607S_5$$

根据评价模型计算结果 $S$ 的大小，对开发利用价值进行等级划分，因此评价结果的等级划分根据具体城市和地区的特点，结合研究区的实际情况，采用分值区间平均分配的原则，将价值评价结果划分为5个等级（表4-25）。在前期收集的详细规划的基础上，从人口因素、交通因素、土地因素、区位因素以及市政因素5个方面对研究区地下空间开发利用价值进行综合打分评价。研究区分为5个区（表4-26；图4-18）。

**表4-25 地下空间开发利用价值评价等级**

| 评价得分 $S$ | $0 \leq S < 0.2$ | $0.2 \leq S < 0.4$ | $0.4 \leq S < 0.6$ | $0.6 \leq S < 0.8$ | $0.8 \leq S < 1$ |
|---|---|---|---|---|---|
| 开发利用价值 | 小 | 较小 | 中等 | 较大 | 大 |

**表4-26 研究区地下空间开发利用价值分区统计**

| 要素 | 分级 | | | | |
|---|---|---|---|---|---|
| | 小 | 较小 | 中等 | 较大 | 大 |
| 面积/$km^2$ | 184.61 | 52.60 | 51.17 | 7.09 | 2.53 |
| 占比/% | 61.95 | 17.65 | 17.17 | 2.38 | 0.85 |

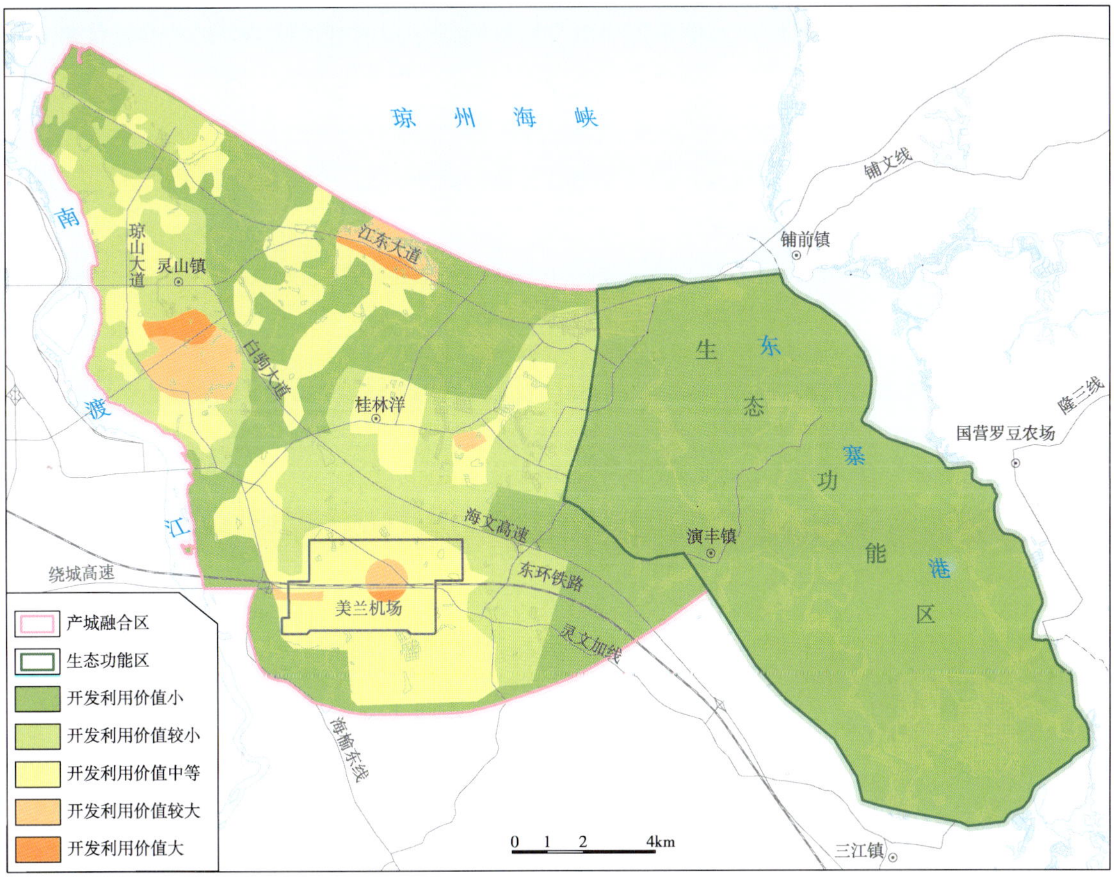


图4-18 研究区地下空间开发利用价值分区图

地下空间开发利用价值小的区域面积为184.61$km^2$，占总面积的61.95%，其中包括了国际重要湿地东寨港国家级自然保护区，面积为106.00$km^2$，占全区总面积的35.57%；开发利用价值较小的区域面积为52.60$km^2$，占总面积的17.65%；开发利用价值中等的区域面积为51.17$km^2$，占总面积的17.17%；开发利用价值较大的区域面积为7.09$km^2$，占总面积的2.38%；开发利用价值大的区域面积为2.53$km^2$，占总面积的0.85%。

从研究区地下空间开发利用价值分区图（图4-18）可以看出，本次评价结果与其相关发展规划相吻合。位于琼州海峡南岸的滨海生态CBD总部聚集中心及位于研究区西部的滨江国际活力中心，人口较稠密，属于市级商业中心，交通非常便利，地下空间开发利用价值大或较大。桂林洋经济开发区高校聚集，工业园区众多，这是在研究区中最大的建成区，教育资源丰富，但属于区级商业中心，地下空间开发利用价值稍微落后于前两个区域。研究区南部规划为海口美兰空港综合发展区，建设目标为2025年满足年旅客吞吐量3500万人次，属市级商业中心，到2020年将打造成为面向东南亚的区域性枢纽机场，以机场为资源平台，发展成为旅游休闲、商务贸易等航空服务性产业为一体的新型综合性产业片区，地下空间开发利用价值中等或较大。总的来说，未来海口江东新区将建成“两心一港”城乡一体的和谐示范区，区内将建设全球领先的生态商务区，基础设施日趋完善，在基于社会经济因素指标评价中，社会需求很大，十分适合地下空间的开发。

## 第三节　地下空间资源量评价

地下空间资源量评价体系的任务是根据地下空间资源量分布调查评价结果进行数量估算和统计（表4-27），估算可有效地利用地下空间资源量，统计可供合理开发的地下空间资源总量，并进行空间分析。

表4-27　研究区地下空间资源量估算基本指标体系层次结构一览表

| 评价体系 | 主题层 | 指标层 |
|---|---|---|
| 地下空间资源量评价 | 不可开发资源量 | 资源保护区，如文物保护区、生态保护区、水源保护及补给区、河流湖泊等 |
| | | 地质条件限制空间，如断裂等 |
| | | 已开发地下空间 |
| | | 海岸线影响范围内 |
| | | 建（构）筑物基础影响范围内 |
| | | 市政设施影响范围内 |
| | 可合理开发利用资源量 | 已开发地下空间范围外 |
| | | 建（构）筑物基础影响范围外 |
| | | 市政设施影响范围外 |
| | | 规划改造地区 |
| | | 广场、空地等开敞空间 |
| | | 新增建设用地 |

### 一、地下空间资源分布

根据研究区建（构）筑物的基础影响范围特点，区内各层位地下空间资源分类统计详见表4-28，各层位地下空间资源分类平面分布见图4-19~图4-22。

根据研究区相关规划，区内东南部的生态保护区，禁止进行地下空间开发。从工程地质角度考虑，研究区内发育数条断裂，断裂影响范围内不适宜进行地下空间开发。已有建（构）筑物影响深度分为3层，浅层建筑影响深度为10m，中层建筑物影响深度为30m，高层建筑物影响深度为50m。现状市政基础设施中各种管线基本都敷设于城市道路红线0~10m以内。所以在地下空间浅层（0~15m）范围内，限制开发区包括生态保护区、断裂影响区、中层以及高层建筑物影响区域；

**表 4-28　研究区地下空间平面资源量分区面积统计**

| 地下空间层位 | 资源量分区 | | | | | |
|---|---|---|---|---|---|---|
| | 限制开发区 | | 可有限开发区 | | 可充分开发区 | |
| | 面积/$km^2$ | 占比/% | 面积/$km^2$ | 占比/% | 面积/$km^2$ | 占比/% |
| 0~15m | 141.25 | 47.40 | 27.57 | 9.20 | 129.18 | 43.40 |
| 15~30m | 140.66 | 47.20 | 0 | 0.00 | 157.34 | 52.80 |
| 30~60m | 136.69 | 45.87 | 1.01 | 0.34 | 160.30 | 53.79 |
| 60~100m | 135.56 | 45.49 | 0 | 0.00 | 162.44 | 54.51 |

可有限开发区包括浅层建筑影响区域以及市政设施影响区域；可充分开发区为区内其他开发不受限制的区域。在次浅层（15~30m）范围内，限制开发区包括生态保护区、断裂影响区、中层以及高层建筑物影响区域；无可有限开发区；由于浅层建筑以及市政设施影响深度仅为10m，所以在15~30m内浅层建筑影响区域以及市政设施影响区域均可视为可充分开发区；可充分开发区包括浅层建筑影响区域、市政设施影响区域以及区内其他开发不受限制的区域。在次深层（30~60m）范围内，限制开发区包括生态保护区、断裂影响区；可有限开发区包括深层建筑影响区域；可充分开发区包括浅层及中层建筑影响区域、市政设施影响区域以及区内其他开发不受限制的区域。在深层（60~100m）范围内，限制开发区包括生态保护区、断裂影响区；无可有限开发区；其余区域均可视为可充分开发区。

综上分析可知，随着深度的增加，可充分开发区面积占比越来越大，说明随深度的增加，地下空间的开发所受限制逐渐减少，其资源量绝对值也逐渐增加。

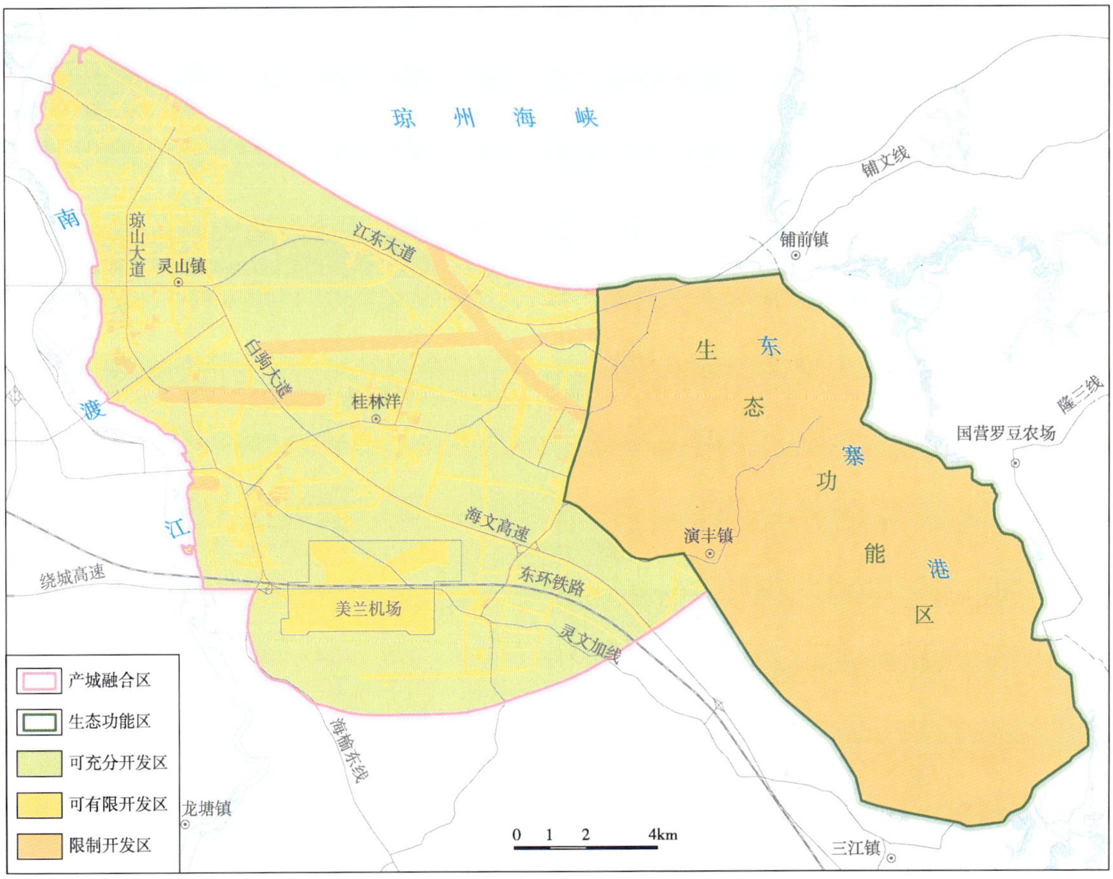


图 4-19　浅层（0~15m）地下空间资源量分区图

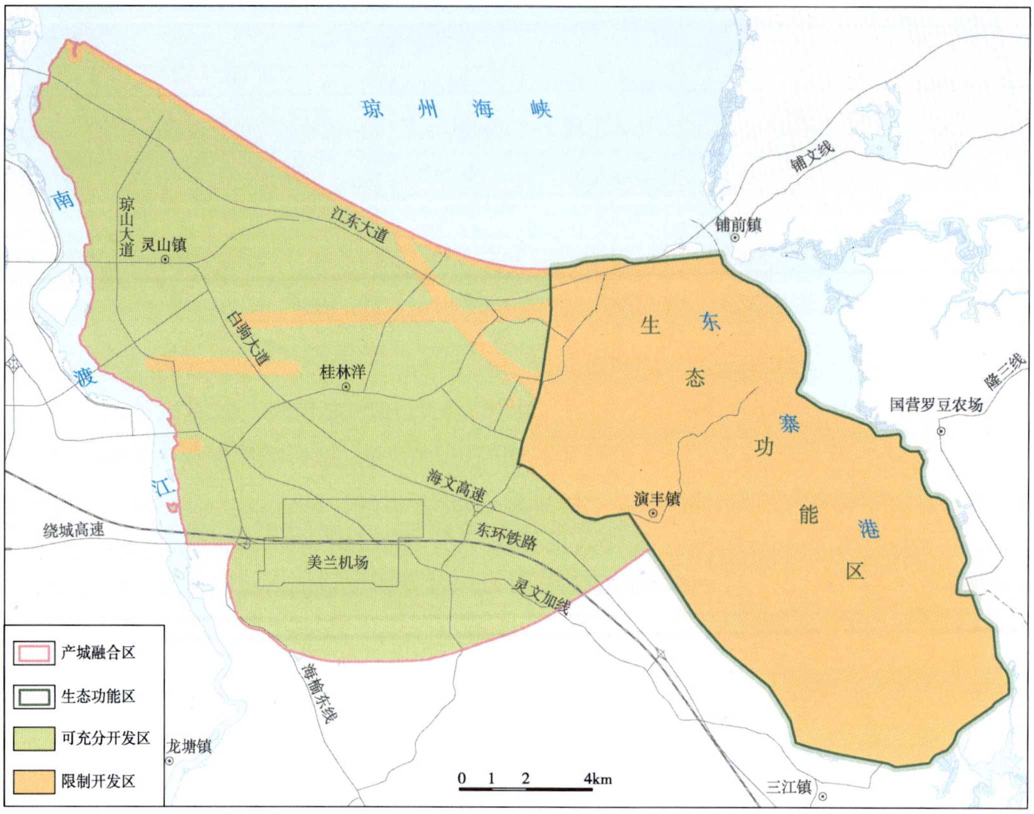


图 4-20　次浅层（15~30m）地下空间资源量分区图

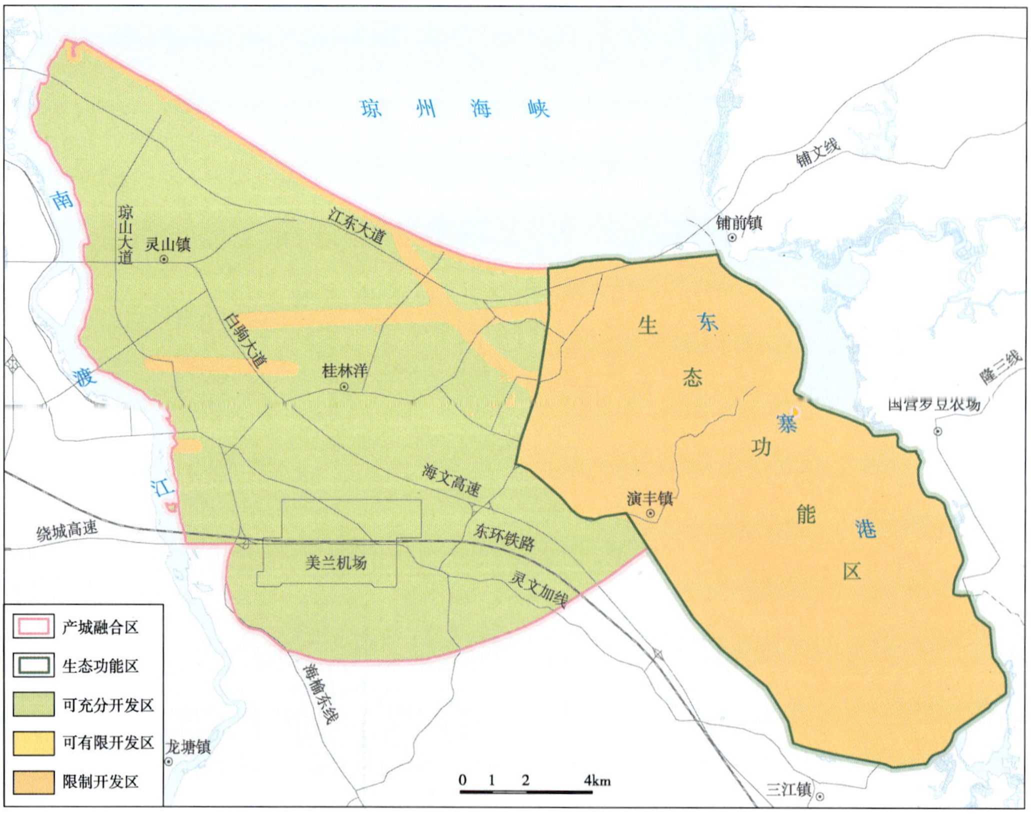


图 4-21　次深层（30~60m）地下空间资源量分区图

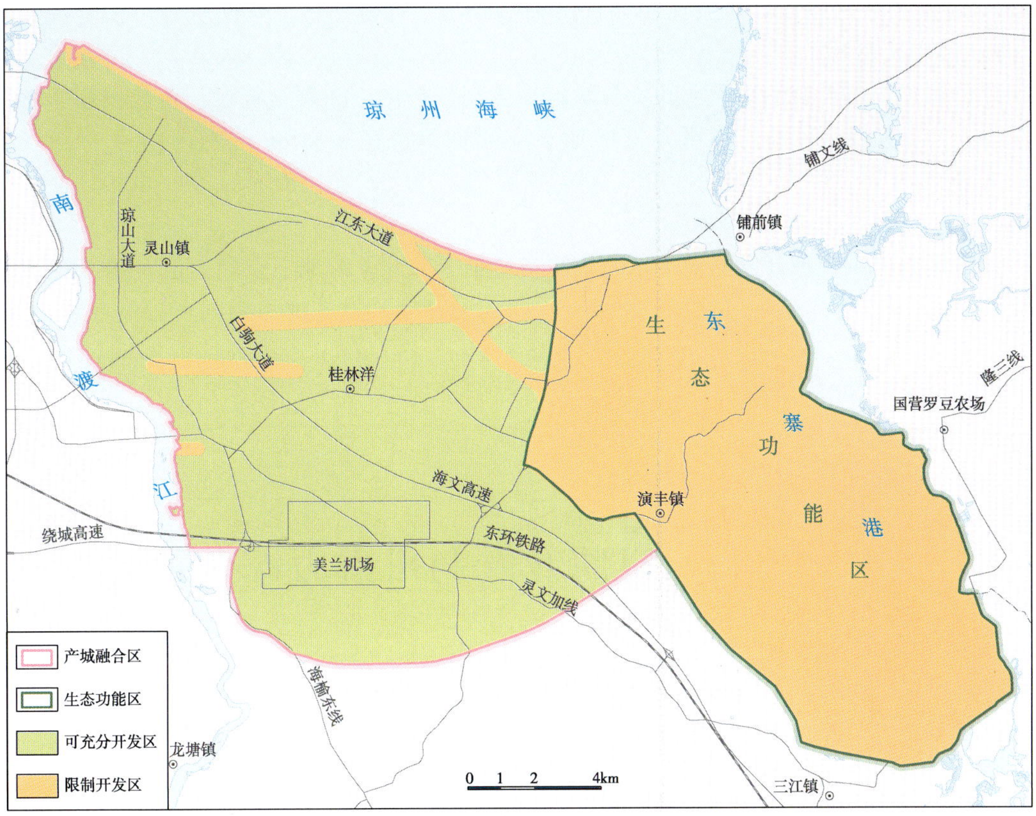


图 4-22　深层（60~100m）地下空间资源量分区图

## 二、地下空间资源量统计

根据研究区相关规划，位于区内东南部的生态保护区，禁止进行地下空间开发，统计时不计入地下空间可开发利用资源量。下面几种情况，统计时亦不计入地下空间可开发利用资源量。从工程地质角度考虑，研究区内发育数条断裂，断裂影响范围内不适宜进行开发的地下空间；已有建（构）筑物影响深度分为 3 层，浅层建筑影响深度为 10m，中层建筑物影响深度为 30m，高层建筑物影响深度为 50m，已有建（构）筑物影响范围内不适宜开发的地下空间；现状市政基础设施中各种管线基本都敷设于城市道路红线 0~10m 以内，其地下空间资源的竖向层次中属浅层区域。

根据研究区相关规划，综合考虑区内的生态保护区、断裂影响范围、已有建（构）筑物影响深度及市政设施等方面的影响，最终统计得到研究区地下空间资源量（表 4-29）。

**表 4-29　研究区地下空间资源量统计**

| 资源量类型 | 资源量/$10^9 m^3$ | | | |
|---|---|---|---|---|
| | 0~15m | 15~30m | 30~60m | 60~100m |
| 不可开发资源量 | 19.98 | 25.35 | 51.56 | 68.90 |
| 可合理开发资源量 | 24.72 | 19.35 | 37.84 | 50.30 |
| 总计 | 44.70 | 44.70 | 89.40 | 119.20 |

## 三、地下空间资源量总体评价

根据研究区相关规划，结合区内实际情况，本评价结果仅适用于城市总体规划尺度的地下空间资源分析。在地质条件综合较为适宜的评价结论基础上，可得到地下空间资源可供合理开发的范围，总体分布情况如下。

1）评价区内不可开发的地下空间资源量包括生态保护区、断裂影响区、市政设施影响范围及已有建（构）筑物影响范围。不可开发的地下空间资源量在0~15m范围内约为$19.98\times10^9m^3$，15~30m范围内约为$25.35\times10^9m^3$，30~60m范围内约为$51.56\times10^9m^3$，60~100m范围内约为$68.90\times10^9m^3$，总计约为$165.79\times10^9m^3$。

2）评价区内可供合理开发的地下空间资源量包括未被开发的地下空间，已有建（构）筑物基础及道路地基、市政管线影响深度以下的地下空间。可合理开发的地下空间资源量在0~15m范围内约为$24.72\times10^9m^3$，15~30m范围内约为$19.35\times10^9m^3$，30~60m范围内约为$37.84\times10^9m^3$，60~100m范围内约为$50.30\times10^9m^3$，总计约为$132.21\times10^9m^3$。

3）评价区内地下空间资源总量为$298.00\times10^9m^3$。

## 第四节　地下空间开发利用潜力综合评价

地下空间开发利用潜力评价是对地下空间开发地质适宜性、地下空间开发利用价值、地下空间资源量的综合评价。本研究采用层次分析法从3个方面对研究区地下空间开发利用潜力进行评价，构建地下空间开发利用潜力评价体系，在理论分析的基础上采用专家打分法，确定各指标的权重及其分级量化标准（表4-30，表4-31）。

根据评价模型计算结果大小，对开发利用潜力进行等级划分。一般情况下，人们对事物的定性评价标准可采用优、良、差3个标准级别，因此评价结果的等级划分可根据具体城市和地区的特点，采用分值区间平均分配的原则。开发利用潜力等级与计算结果的对应关系见表4-32。

**表4-30　地下空间开发利用潜力综合评价权重**

| 指标 | 开发利用适宜性 | 开发利用价值 | 资源量 |
|---|---|---|---|
| 权重 | 0.4 | 0.3 | 0.3 |

**表4-31　地下空间开发利用潜力综合评价分级量化**

| a. 开发利用适宜性分级量化 | | | | | |
|---|---|---|---|---|---|
| 开发利用适宜性评价结果 | 差 | 较差 | 中等 | 较好 | 好 |
| 赋值 | 0.2 | 0.4 | 0.6 | 0.8 | 1 |
| b. 开发利用价值分级量化 | | | | | |
| 开发利用价值评价结果 | 小 | 较小 | 中等 | 较大 | 大 |
| 赋值 | 0.2 | 0.4 | 0.6 | 0.8 | 1 |
| c. 资源量分级量化 | | | | | |
| 资源量评价结果 | 不可开发 | 可有限开发 | 可充分开发 | | |
| 赋值 | 0.3 | 0.6 | 1 | | |

**表4-32　地下空间开发利用潜力评价等级**

| 综合得分 $Q$ | $0.8\leq Q<1.0$ | $0.6\leq Q<0.8$ | $0.4\leq Q<0.6$ | $0.2\leq Q<0.4$ | $0\leq Q<0.2$ |
|---|---|---|---|---|---|
| 开发利用潜力 | 大 | 较大 | 中 | 较小 | 小 |

## 一、浅层地下空间（0~15m）

研究区东部生态保护区包括国际重要湿地东寨港国家级自然保护区，面积为106km$^2$，占总面积的35.57%，为了直观地反映区内地下空间开发利用潜力分区情况，在面积统计时不纳入生态保护区。

研究区浅层地下空间（0~15m）开发利用潜力小区的区域占总面积的8.27%，开发利用潜力较小区的区域占总面积的10.93%，开发利用潜力中等区的区域占总面积的39.31%，开发利用潜力较大区的区域占总面积的24.08%，开发利用潜力大区的区域占总面积的17.42%（图4-23），各评价分区内的具体分析结果详见表4-33。

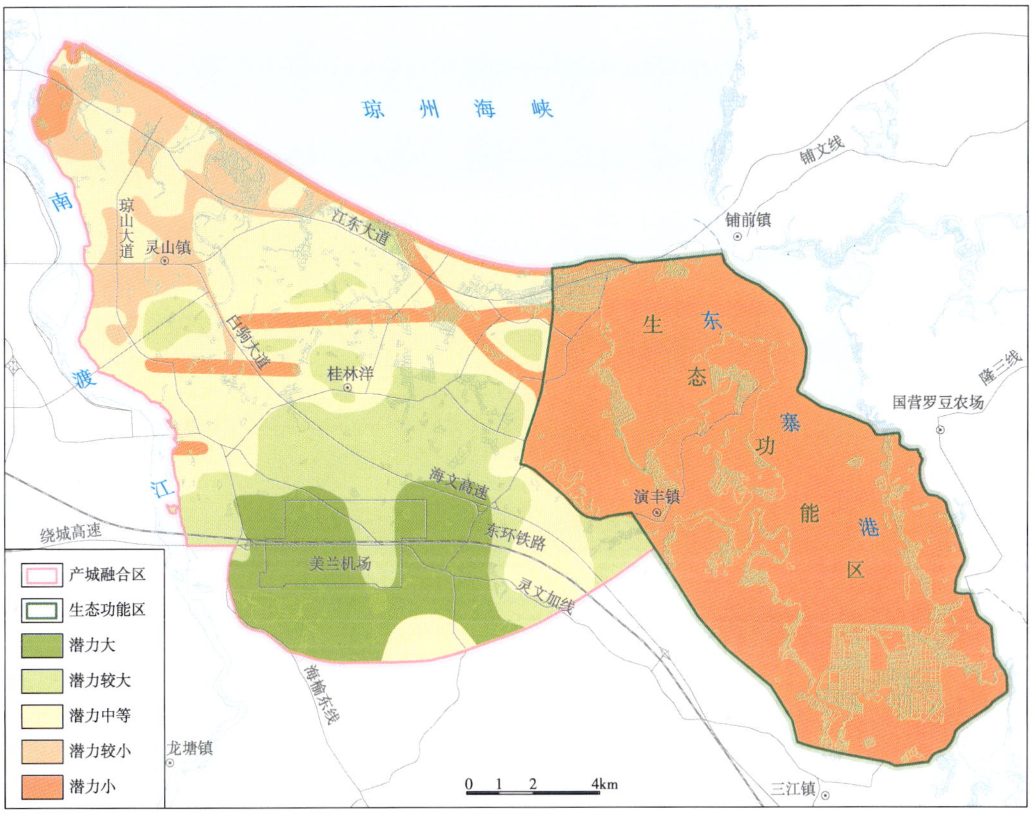


图4-23 浅层地下空间（0~15m）开发利用潜力分区图

**表4-33 浅层地下空间（0~15m）开发利用潜力评价一览表**

| 级别 | 具体说明 |
| --- | --- |
| 大 | 地下空间开发利用潜力大的区域面积为33.44km$^2$，占总面积的17.42%。主要分布于研究区南部海口美兰国际机场，属地下空间开发利用价值中等区；距离活断层一定距离，无饱和砂土分布，土体承载力好，潜水埋深大于10m，属地质条件适宜性好区；地下空间资源量分布类型主要为可充分开发资源，可开发资源量达到4.69×10$^8$m$^3$ |
| 较大 | 地下空间开发利用潜力较大区的区域面积为46.23km$^2$，占总面积的24.08%。主要分布于研究区中下部，属地下空间开发利用价值中等—较小区；距活断层较远，无饱和砂土分布，土体承载力中等，潜水埋深在3~10m，属地质条件适宜性较好—中等区；地下空间资源量分布类型主要为可充分开发资源，可开发资源量达到6.49×10$^8$m$^3$ |
| 中等 | 地下空间开发利用潜力中等区的区域面积为75.47km$^2$，占总面积的39.31%。主要分布于研究区中部，属地下空间开发利用价值中等—较小区；距活断层较近，饱和砂土厚度中等—较大，土体承载力中等—差，潜水埋深在1~3m，地下水腐蚀性强，属地质条件适宜性中等—较差区；地下空间资源量分布类型主要为可充分开发资源和可有限开发资源，可开发资源量达10.59×10$^8$m$^3$ |

| 级别 | 具体说明 |
| --- | --- |
| 较小 | 地下空间开发利用潜力较小区的区域面积为20.98km$^2$，占总面积的10.93%。主要分布于研究区西北部，属地下空间开发利用价值较小—小区；距活断层较近，软土厚度中等—较大，饱和砂土厚度较大，土体承载力差，潜水埋深在1~3m，属地质条件适宜性较差—差区；地下空间资源量分布类型主要为可充分开发资源和可有限开发资源，可开发资源量达2.95×10$^8$m$^3$ |
| 小 | 地下空间开发利用潜力小区的区域面积为15.88km$^2$，占总面积的8.27%。主要分布于研究区北部断裂群，属地下空间开发利用价值小区；距活断层距离小于200m，软土厚度较大，饱和砂土厚度也较大，土体承载力差，潜水埋深小于1m，属地质条件适宜性差区 |

## 二、次浅层地下空间（15~30m）

同上，研究区在面积统计时不纳入生态保护区。研究区次浅层地下空间（15~30m）开发利用潜力小区的区域占总面积的8.55%，开发利用潜力较小区的区域占总面积的17.43%，开发利用潜力中等区的区域占总面积的28.18%，开发利用潜力较大区的区域占总面积的32.71%；开发利用潜力大的区域占总面积的13.13%（图4-24），各评价分区内的具体分析结果详见表4-34。

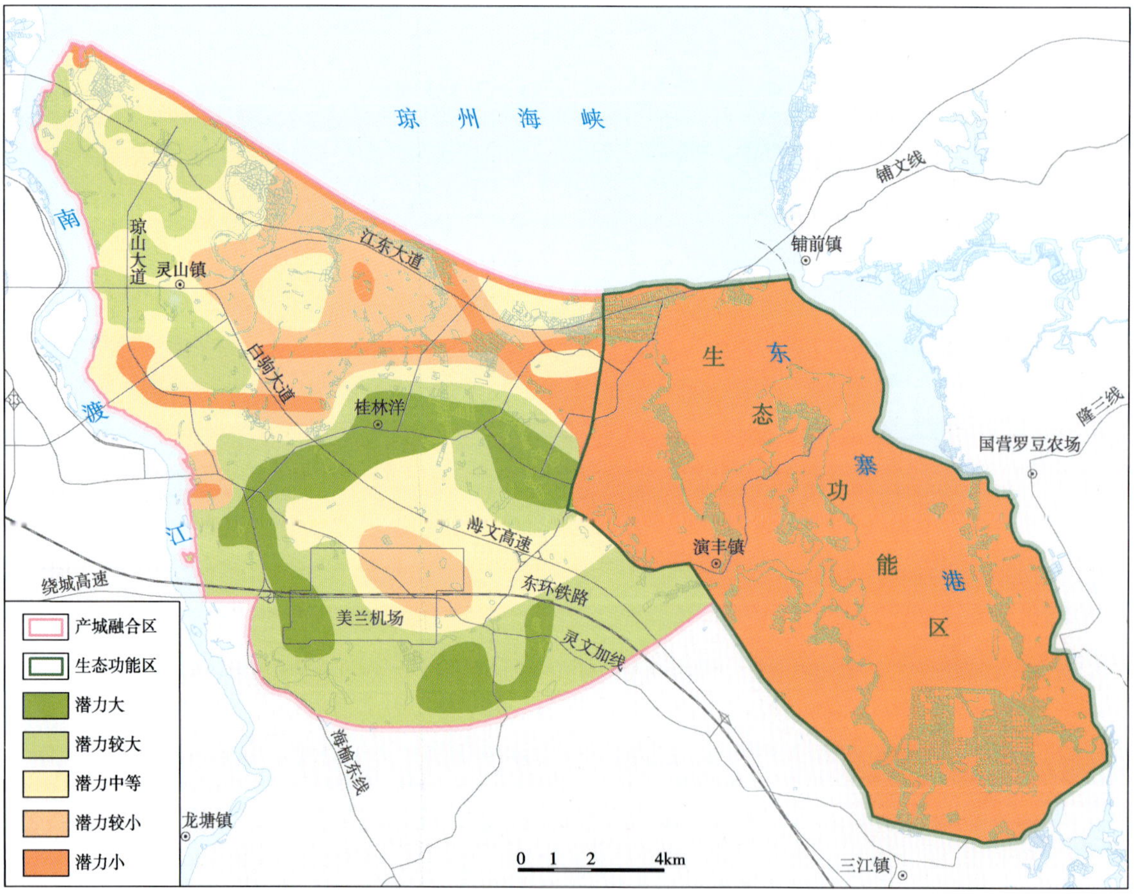


图4-24 次浅层（15~30m）地下空间开发利用潜力分区图

表 4-34　次浅层（15~30m）地下空间开发利用潜力评价一览表

| 级别 | 具体说明 |
|---|---|
| 大 | 地下空间开发利用潜力大区的区域面积为 25.21$km^2$，占总面积的 13.13%。主要分布于研究区南部海口美兰国际机场，研究区中部桂林洋经济开发区，研究区西部滨江国际活力中心，零星分布于研究区西北灵山镇区域，属地下空间开发利用价值大—较大区；距活断层有一定距离，软土厚度小，无饱和砂土分布，土体承载力较好，潜水埋深变化小，属地质条件适宜性好—中等区；地下空间资源量分布类型为可充分开发资源，可开发资源量达 2.78×$10^8m^3$ |
| 较大 | 地下空间开发利用潜力较大区的区域面积为 62.80$km^2$，占总面积的 32.71%。主要分布于研究区南部龙塘镇—罗牛山农场一带，部分分布于研究区西北部，属地下空间开发利用价值较大—中等区；距活断层距离大于 1000m，局部为 500~800m，软土厚度小，饱和砂土厚度较大，土体承载力较好，属地质条件适宜性好—中等区；地下空间资源量分布类型为可充分开发资源，可开发资源量达 6.92×$10^8m^3$ |
| 中 | 地下空间开发利用潜力中等区的区域面积为 54.11$km^2$，占总面积的 28.18%。大范围分布于研究区西北部，局部分布于研究区中部，属地下空间开发利用价值较大—中等区；距活断层距离大于 1000m，局部为 200~500m，软土厚度小，饱和砂土厚度较大，土体承载力较差，属地质条件适宜性较好—较差区；地下空间资源量分布类型为可充分开发资源，可开发资源量达 5.96×$10^8m^3$ |
| 较小 | 地下空间开发利用潜力较小区的区域面积为 33.46$km^2$，占总面积的 17.43%，主要分布于研究区北部，研究区南部海口美兰国际机场，属地下空间开发利用价值中等—小区；距活断层距离为 200~500m，局部大于 500m，软土厚度为 2~4m，饱和砂土厚度较大，土体承载力较差，属地质条件适宜性较差—差区；地下空间资源量分布类型为可充分开发资源，可开发资源量达 3.69×$10^8m^3$ |
| 小 | 地下空间开发利用潜力小区的区域面积为 16.42$km^2$，占总面积的 8.55%。主要分布于研究区北部断裂群，属地下空间开发利用价值较小—小区；距活断层距离小于 200m，软土厚度为 2~4m，饱和砂土厚度较大，土体承载力差，含水层厚度较大，地下水腐蚀性强，属地质条件适宜性差区 |

## 三、次深层地下空间（30~60m）

同上，研究区在面积统计时不纳入生态保护区。研究区次深层地下空间（30~60m）开发利用潜力小区的区域占总面积的 6.55%，开发利用潜力较小区的区域占总面积的 10.78%，开发利用潜力中等区的区域占总面积的 28.85%，开发利用潜力较大区的区域占总面积的 35.86%，开发利用潜力大的区域占总面积的 17.96%（图 4-25），各评价分区内的具体分析结果详见表 4-35。

表 4-35　次深层（30~60m）地下空间开发利用潜力评价一览表

| 级别 | 具体说明 |
|---|---|
| 大 | 地下空间开发利用潜力大区的区域面积为 34.48$km^2$，占总面积的 17.96%。主要分布于研究区南部海口美兰国际机场，研究区中部桂林洋经济开发区，研究区西部滨江国际活力中心，研究区北部滨海生态 CBD 总部聚集中心，零星分布于研究区西北角，属地下空间开发利用价值大区；距活断层距离大于 1000m，土体承载力好，承压水埋深大于 56m，含水层厚度小于 3m，地下水腐蚀性微，属地质条件适宜性好区；地下空间资源量分布类型为可充分开发资源，可开发资源量达 7.27×$10^8m^3$ |
| 较大 | 地下空间开发利用潜力较大区的区域面积为 68.85$km^2$，占总面积的 35.86%。大范围分布于研究区西北部及南部，属地下空间开发利用价值较大区；距活断层距离大于 800m，土体承载力好，承压水埋深大于 56m，含水层厚度小于 6m，地下水腐蚀性微，属地质条件适宜性好—中等区；地下空间资源量分布类型为可充分开发资源，可开发资源量达 14.52×$10^8m^3$ |
| 中 | 地下空间开发利用潜力中等区的区域面积为 55.39$km^2$，占总面积的 28.85%。大范围分布于研究区北部及南部，属地下空间开发利用价值中等区；距活断层距离不等，一般 500~800m 或大于 1000m，土体承载力好，承压水埋深大于 44m，含水层厚度小于 9m，地下水腐蚀性微，属地质条件适宜性中等区；地下空间资源量分布类型主要为可充分开发资源和可有限开发资源，可开发资源量达 11.68×$10^8m^3$ |

续表

| 级别 | 具体说明 |
| --- | --- |
| 较小 | 地下空间开发利用潜力中等区的区域面积为 20.70km$^2$，占总面积的 10.78%。大范围分布于研究区北部、中部及南部，属地下空间开发利用价值中等—小区；距活断层距离大于 200m 或大于 1000m，土体承载力好，承压水埋深大于 48m，含水层厚度为 6~12m，地下水腐蚀性为微或弱，属地质条件适宜性中等—差区；地下空间资源量分布类型主要为可充分开发资源和可有限开发资源，可开发资源量达 4.37×10$^8$m$^3$ |
| 小 | 地下空间开发利用潜力小区的区域面积为 12.58m$^2$，占总面积的 6.55%。主要分布于研究区南部海口美兰国际机场附近，研究区北部断裂群，属地下空间开发利用价值小区；距活断层距离不等，一般 200~500m，局部区域小于 200m，承压水埋深小于 44m，局部埋深大于 56m，含水层厚度大于 12m，地下水腐蚀性为微或无，属地质条件适宜性差区 |

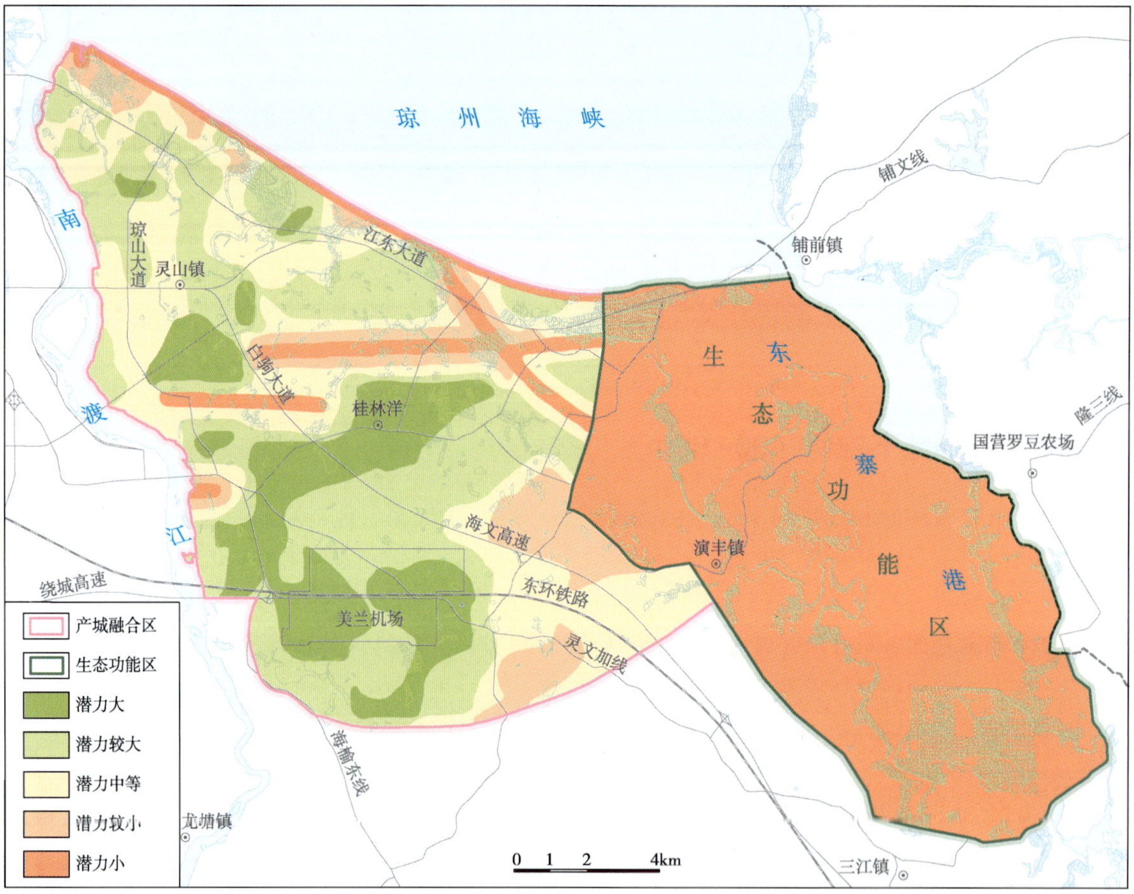


图 4-25　次深层（30~60m）地下空间开发利用潜力分区图

## 四、深层地下空间（60~100m）

研究区在面积统计时不纳入生态保护区。研究区深层地下空间（60~100m）开发利用潜力小区的区域占总面积的 6.68%，开发利用潜力较小区的区域占总面积的 12.00%，开发利用潜力中等区的区域占总面积的 29.61%，开发利用潜力较大区的区域占总面积的 33.70%，开发利用潜力大的区域占总面积的 18.03%（图 4-26），各评价分区内的具体分析结果详见表 4-36。

**表 4-36　深层（60~100m）开发利用潜力评价一览表**

| 级别 | 具体说明 |
|---|---|
| 大 | 地下空间开发利用潜力中等区的区域面积为 34.61km$^2$，占总面积的 18.03%。主要分布于研究区南部海口美兰国际机场，研究区西北角，属地下空间开发利用价值大区；距活断层有一定距离，土体承载力好，土质较均匀，属地质条件适宜性好—较好区；地下空间资源量分布类型为可充分开发，可开发资源量达 9.72×10$^8$m$^3$ |
| 较大 | 地下空间开发利用潜力中等区的区域面积为 64.69km$^2$，占总面积的 33.70%。大范围分布于研究区中部及西北部，属地下空间开发利用价值中等—较小区；距活断层距离大于 500m，土体承载力好，土质较均匀，地下水条件中等，属地质条件适宜性好—中等区；地下空间资源量分布类型为可充分开发资源，可开发资源量达 18.16×10$^8$m$^3$ |
| 中 | 地下空间开发利用潜力中等区的区域面积为 56.84km$^2$，占总面积的 29.61%。大范围分布于研究区中部及南部，属地下空间开发利用价值中等—小区；距活断层距离大于 500m，土体承载力好，土质较均匀，地下水条件中等，属地质条件适宜性好—中等区；地下空间资源量分布类型为可充分开发资源，可开发资源量达 15.96×10$^8$m$^3$ |
| 较小 | 地下空间开发利用潜力中等区的区域面积为 23.04km$^2$，占总面积的 12.00%。大范围分布于研究区中部及西南部，属地下空间开发利用价值中等—小区；距活断层距离大于 500m，土体承载力好，土质较均匀，地下水条件中等，属地质条件适宜性好—中等区；地下空间资源量分布类型为可充分开发资源，可开发资源量达 6.46×10$^8$m$^3$ |
| 小 | 地下空间开发利用潜力小区的区域面积为 12.82km$^2$，占总面积的 6.68%。主要分布于研究区北部断裂群，属地下空间开发利用价值小区；距活断层距离小于 200m，土体承载力好，土质大部分不均匀，地下水腐蚀性强，属地质条件适宜性较差—差区；地下空间资源属不可开发资源 |

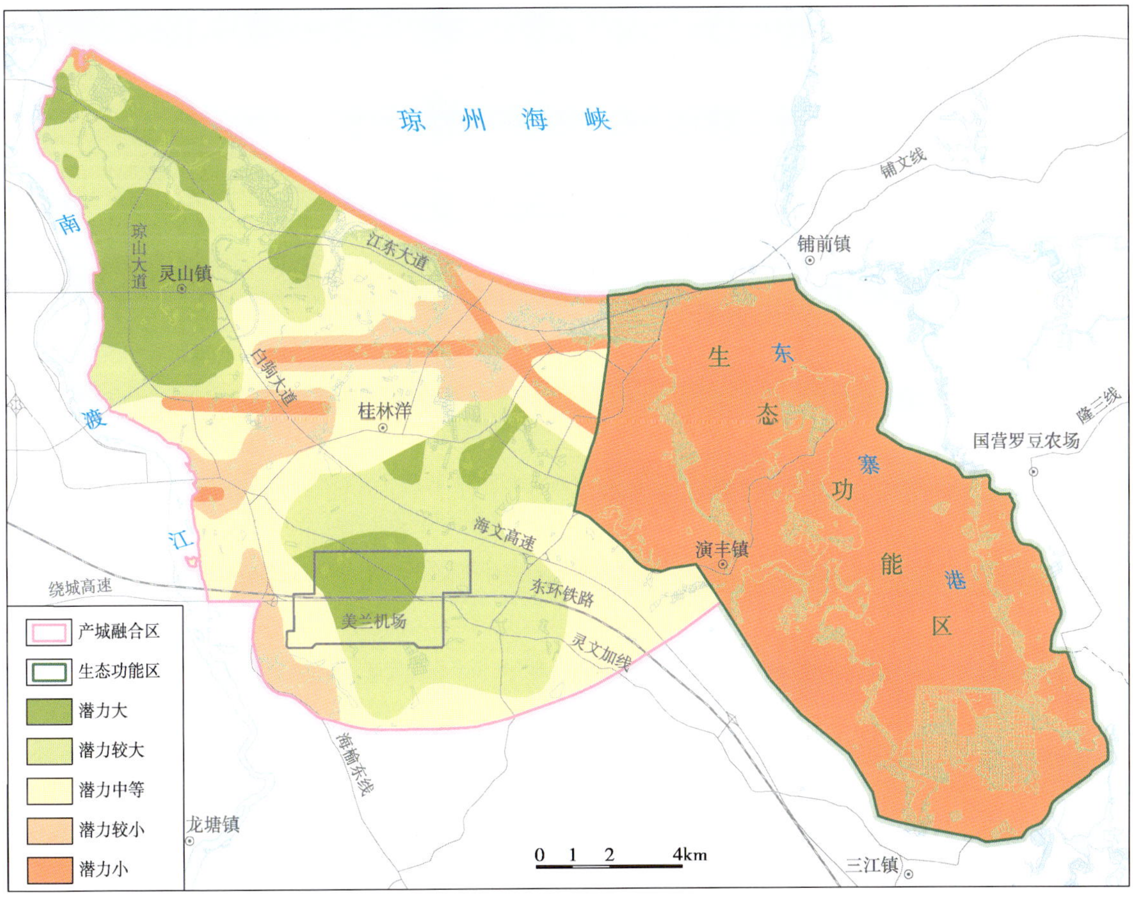


图 4-26　深层（60-100m）地下空间开发利用潜力分区图

# 第五节　地下空间开发利用对策建议

从城市地下空间用途的角度，地下空间利用类型主要分为地下公共服务设施、地下交通设施、地下市政设施、地下工业设施、地下仓储设施及地下综合体、战略储存空间等。

地下公共服务设施主要包括地下商业设施、地下娱乐设施、地下文化设施、地下体育设施、地下医疗设施和地下办公设施。地下交通设施分为地下动态交通、地下静态交通和地下连通 3 种类型，其中地下动态交通包括地下铁路、地下轨道交通、地下机动车隧道、地下人行通道等；地下静态交通包括地下机动车停车场和非机动车停车场；地下连通包括地下空间（含人防工程）与地下空间之间的连通和地下空间与地面空间的连通。地下市政设施主要包括地下管道（如给水、污水、供热、煤气、电缆等）以及综合管道（即“共同沟”）。地下工业设施和地下仓储设施是指结合地下空间自身优越的自然条件，综合权衡经济、社会、环境和防灾等各方面的效益，进而确定的地下工业设施以及地下战略物资、平战物资、防灾物资等仓储设施项目。地下人防工程主要包括人防自建工程、结建工程和兼顾工程。

根据《海口江东新区总体规划纲要（2018—2035）》，将江东新区划分为三江口国际文化交往组团、滨江国际活力中心、桂林洋国际离岸创新创业组团、桂林洋国际高教科研组团、大空港组团、起步区组团 6 个区块。

1）浅层（0~15m）地下空间的开发利用主要受活动断裂、已有工程建筑、地表水体、地下水、液化砂土及软土等因素的制约，地下空间不建议大面积使用，工程建设需合理避让铁路、机场、地表水及活动断裂等区域，对于可能发生工程地质问题的区域需采取合理的处理措施。重点、次重点、一般开发区的分布及地下空间适合的开发类型详见表 4-37。

**表 4-37　浅层地下空间（0~15m）利用类型一览表**

| 类型 | 区块 | 地下空间利用类型 | 可能面临的工程地质问题 |
| --- | --- | --- | --- |
| 重点开发区 | 永不落幕的进博会区 | 地下商业设施、地下娱乐设施、地下文化设施、地下医疗设施和地下办公设施、地下停车场、地下人行通道、地下管道及综合管道 | 不均匀沉降、砂土液化、突涌、浅层沼气灾害 |
| | 滨江国际活力中心区 | | 不均匀沉降、砂土液化、突涌 |
| | 文化消费与新兴消费区、综合保税区、航空服务与自贸服务区 | | 膨胀土胀缩干裂、承压水突涌 |
| | 航站区、公共服务区 | 地下办公设施和地下医疗设施、地下停车场、地下管道及综合管道 | 膨胀土胀缩干裂 |
| 次重点开发区 | 国家领事馆区 | 地下办公设施、地下文化设施、地下停车场、地下管道及综合管道 | 软土不均匀沉降、砂土液化 |
| | 滨江国际活力中心北侧综合服务区 | 地下停车场、地下管道及综合管道 | 砂土液化、承压水突涌 |
| | 试验创新区、科技生娱复合活力区、非综合保税区 | 地下工业设施、地下办公设施、地下停车场、地下管道及综合管道 | 承压水突涌、膨胀土胀缩干裂 |
| | 高教科研区 | 地下文化设施、地下医疗设施和地下办公设施、地下停车场、地下管道及综合管道 | 膨胀土胀缩干裂、突涌、活动断层 |
| | 滨江生态 CBD 总部聚集中心 | 地下办公设施、地下轨道交通、地下综合轨道 | 活动断层、突涌、基坑失稳、砂土液化 |

续表

| 类型 | 区块 | 地下空间利用类型 | 可能面临的工程地质问题 |
| --- | --- | --- | --- |
| 一般开发区 | 滨海度假区 | 地下停车场、地下管道及综合管道 | 软土不均匀沉降、砂土液化、浅层沼气灾害 |
| | 桂林洋国际高教科研组团北侧美丽乡村区、滨江国际活力中心东侧美丽乡村区 | 地下停车场、地下管道及综合管道 | 膨胀土胀缩干裂、突涌、活动断层 |
| | 居住配套区 | 地下体育设施、地下停车场、地下管道及综合管道 | 突涌、砂土液化、活动断层 |

2）次浅层（15～30m）地下空间的开发利用主要受活动断裂、已有工程建筑、地下水、液化砂土及软土等因素的制约，建议地下工程规划建设需合理避让铁路、机场及活动断裂等区域，以及防范工程突水等。重点、次重点、一般开发区的分布及地下空间适合的开发类型详见表4-38。

**表4-38　次浅层地下空间（15～30m）利用类型一览表**

| 类型 | 区块 | 地下空间利用类型 | 可能面临的工程地质问题 |
| --- | --- | --- | --- |
| 重点开发区 | 永不落幕的进博会区 | 地下人防工程、地下铁路、地下轨道交通、地下综合管道 | 突涌、砂土液化、地基承载力差 |
| | 非综合保税区 | 地下铁路、地下轨道交通、地下综合管道 | 突涌 |
| | 综合保税区、航空服务与自贸服务区 | | 突涌、溶蚀空洞 |
| | 滨江国际活力中心区 | | 突涌、活动断层、砂土液化、地基承载力差 |
| | 科技生娱复合活力区、试验创新区 | 地下工业设施、地下仓储设施、地下办公设施、地下轨道交通、地下综合管道 | 突涌 |
| 次重点开发区 | 航空服务与自贸服务区、文化消费与新兴消费区 | 地下人防工程、地下办公设施、地下铁路、地下轨道交通、地下综合管道 | 突涌、基坑失稳 |
| | 滨江生态CBD总部聚集中心 | 地下办公设施、地下轨道交通、地下综合管道 | 活动断层、突涌、基坑失稳、砂土液化、溶蚀空洞 |
| | 高教科研区 | | 活动断层、突涌、溶蚀空洞 |
| | 国家领事馆 | | 砂土液化、地基承载力差 |
| 一般开发区 | 美丽乡村区 | 地下综合管道 | 砂土液化、突涌、活动断层 |
| | 综合服务区 | | 活动断层、砂土液化、突涌 |
| | 滨海度假区 | | 砂土液化、突涌 |
| | 居住配套区 | 地下轨道交通、地下综合管道 | 活动断层、砂土液化 |
| | 航站区 | | 突涌、 |

3）次深层（30～60m）地下空间的开发利用主要受活动断裂、地下水等因素的制约，建议地下工程规划建设需合理避让活动断裂、第2承压含水层等区域，以及防范工程突水等。重点、次重点、一般开发区的分布及地下空间适合的开发类型详见表4-39。

4）深层（60～100m）地下空间的开发利用主要受活动断裂、地下水等因素的制约，地下空间适宜作为战略储存空间资源，建议地下工程规划建设需合理避让活动断裂、第2承压含水层等区域。重点、次重点、一般开发区的分布及地下空间适合的开发类型详见表4-40。

**表 4-39　次深层地下空间（30~60m）利用类型一览表**

| 类型 | 区块 | 地下空间利用类型 | 可能面临的工程地质问题 |
|---|---|---|---|
| 重点开发区 | 永不落幕的进博会区、国家领事馆 | 地下人防工程、地下铁路、地下轨道交通 | 承压水突涌、基坑失稳 |
| | 滨江国际活力中心区 | 地下铁路、地下轨道交通 | 承压水突涌 |
| | 非综合保税区、航站区、文化消费与新兴消费区 | | 承压水突涌 |
| | 科技生娱复合活力区、试验创新区 | 地下工业设施、地下仓储设施 | 溶蚀空洞、突涌 |
| 次重点开发区 | 航空服务与自贸服务区 | 地下铁路、地下轨道交通 | 突涌 |
| | 公共服务区、综合服务区 | — | 活动断层、突涌 |
| | 滨江生态 CBD 总部聚集中心 | 地下人防工程、地下铁路、地下轨道交通 | 活动断层、突涌、溶蚀空洞 |
| | 高科教研区 | — | 活动断层、溶蚀空洞 |
| 一般开发区 | 美丽乡村区 | — | 活动断层、突涌 |
| | 居住配套区 | | 活动断层 |
| | 综合保税区 | | 突涌、溶蚀空洞 |
| | 滨海度假区 | | 突涌、基坑失稳 |

**表 4-40　深层地下空间（60~100m）利用类型一览表**

| 类型 | 区块 | 地下空间利用类型 | 可能面临的工程地质问题 |
|---|---|---|---|
| 重点开发区 | 永不落幕的进博会区、国家领事馆 | 地下仓储设施、战略储存空间资源 | 突涌、地下水腐蚀 |
| | 滨江国际活力中心区 | | 突涌 |
| | 试验创新区 | | 突涌 |
| | 航站区 | | 突涌 |
| 次重点开发区 | 航空服务与自贸服务区、综合保税区、非综合保税区、文化消费与新兴消费区 | — | 突涌、基坑失稳、溶蚀空洞 |
| | 公共服务区、综合服务区 | — | 活动断层 |
| | 滨江生态 CBD 总部聚集中心 | 地下仓储设施 | 活动断层、溶蚀空洞 |
| | 高科教研区 | — | 活动断层 |
| 般开发区 | 美丽乡村区 | — | 活动断层 |
| | 居住配套区 | | 活动断层 |
| | 滨海度假区 | | — |

# 结　语

本书在梳理地下空间开发利用潜力评价常用评价指标、评价方法的基础上，依托“海口江东新区地下空间开发利用潜力调查评价”项目的调查数据和成果，综合采用BP神经网络、层次分析法、影响要素逐项排除法，分别对海口江东新区浅层、次浅层、次深层、深层地下空间开发地质适宜性、开发利用价值、资源量及其综合开发利用潜力进行了系统评价，对各层地下空间、各潜力区的资源量进行了综合计算，从地下空间利用模式、功能等方面提出了分层利用的建议，评价结果可为海口江东新区地下空间规划提供参考。城市地下空间评价是一项系统工作，涉及众多评价内容，在评价指标、评价方法选择上目前还未形成统一认识，需要结合城市特点和已有数据情况进行综合确定。

# 主要参考文献


海南省地质调查院 . 2016. 海南国际旅游岛水文地质工程地质调查评价报告（海口-文昌片区）［R］. 海口：海南省地质局.

海南省地质局 . 2019. 海口江东新区地下空间开发利用潜力调查评价综合成果报告［R］. 海口：海南省地质局.

陈志平，张平，龚华栋 . 2015. 城市地下空间资源评估与需求预测［M］. 南京：东南大学出版社.

耿永常，邵龙 . 2007. 哈尔滨地下空间开发利用现状与对策分析［J］. 哈尔滨工业大学学报，(10)：1631-1634.

顾振发 . 2010. 非公益性城市地下空间房地产价值及土地价值评估［J］. 中国房地产估价与经济，(1)：28-33.

郭建民 . 2005. 城市地下空间资源评估模型指标体系研究［D］. 北京：清华大学.

胡宁 . 2012. 基于可拓法的城市地下空间开发利用潜力评价——以郑州市为［D］. 成都：成都理工大学.

胡学祥，刘干斌，陶海冰 . 2016. 基于 ArcGIS 宁波市地下空间开发适宜性评价研究［J］. 地下空间与工程学报，12 (6)：1439-1444.

黄静莉 . 2013. 长春市中心区地下空间岩土体可利用性分析与评价［D］. 长春：吉林大学.

姜云，吴立新，杜立群 . 2005. 城市地下空间开发利用容量评估指标体系的研究［J］. 城市发展研究，12 (5)：47-51.

姜云，吴立新，车德福，等 . 2007. 城市地下空间资源质量评估基本单元体的研究［J］. 武汉大学学报：信息科学版，32 (3)：275-278.

蒋杰，葛伟亚，马青山，等 . 2021. 南昌市中心城区地下空间开发地质适宜性评价［J］. 地质通报，40 (5)：734-744.

刘运来，吴江鹏，彭培宇，等 . 2017. 基于地质环境要素的地下空间利用适宜性评价［J］. 长江科学院院报，34 (5)：58-62.

柳昆，彭建，彭芳乐 . 2011. 地下空间资源开发利用适宜性评价模型［J］. 地下空间与工程学报，7 (2)：219-231.

马积薪 . 1993. 城市地下土地价值在工程评估中的重要性［J］. 地下空间，13 (2)：133.

潘丽珍，李传斌，祝文君 . 2006. 青岛市城市地下空间开发利用规划研究［J］. 地下空间与工程学报，2 (7)：1093-1099.

唐焱，杨伟洪 . 2011. 城市地下空间估价研究综述［J］. 地下空间与工程学报，7 (1)：1-8.

田聪，苏晶文，倪化勇，等 . 2021. 城市地下空间资源评价进展与展望［J］. 华东地质，42 (2)：147-156.

童林旭 . 2005. 中国城市地下空间的发展道路［J］. 地下空间与工程学报，1 (1)：1-6.

汪侠，黄贤金，甄峰，等 . 2009. 城市地下空间资源开发潜力的多层次灰色评价［J］. 同济大学学报：自然科学版，37 (8)：1122-1127.

王永立，沈健，齐波 . 2008. 基于 GIS-Fuzzy 的地下空间资源评价［J］. 方法应用，3 (2)：43-47.

夏友，马传明 . 2014. 郑州市地下空间资源开发利用地质适宜性评价［J］. 地下空间与工程学报，10 (3)：493-497.

谢含华，陈福龙，陶建华 . 2016. 福建省中心城市地下空间开发利用问题探讨［J］. 地下空间与工程学报，12 (2)：299-305.

叶菁，侯卫生，邓东成，等 . 2016. 基于可变模糊集的城市地下空间资源三维质量评价［J］. 资源科学，38 (11)：2147-2156.

袁欣然 . 2020. 城市地下设施地质环境适宜性评价研究［D］. 北京：北京建筑大学.

张晓峰，吕良海，白永强，等 . 2012. 城市地下空间模糊综合评价方法研究［J］. 地下空间与工程学报，8 (1)：8-13.

祝文君 . 1992. 北京旧城区浅层地下空间资源调查与利用研究［D］. 北京：清华大学.

Bobylev N. 2009. Mainstreaming sustainable development into a city's Master plan：A case of Urban Underground Space use［J］. Land Use Policy，26（4）：1128–1137.

Bobylev N. 2010. Underground space in the Alexanderplatz area，Berlin：Research into the quantification of urban underground space use［J］. Tunnelling and Underground Space Technology，25（5）：495–507.

Daniel J Boivin. 1990. Underground space use and planning in the Québec City area［J］. Tunnelling and Underground Space Technology，5（1–2）：69–83.

Durmisevic S，Sariyildiz S. 2001. A systematic quality assessment of underground spaces – public transport stations［J］. Cities，18（1）：13–23.

Edelenbos J，Monnikhof R，Haasnoot J，et al. 1998. Strategic study on the utilization of underground space in the Netherlands C–7228–2011［J］. Tunnelling and Underground Space Technology，13（2）：159–165.

Kimmo Ronka，Jouko Ritola，Kari Rarhala. 1998. Underground space in land use planning.［J］. Tunnelling and Underground Space Technology，13（1）：39–49.

Maurenbrecher P M，Herbschleb J. 1994. The potential use of geotechnical information systems in the planning of tunnels for Amsterdam［J］. Tunnelling and Underground Space Technology，9（2）：189–199.

Pasqual J，Riera P. 2005. Underground land values［J］. Land Use Policy，22（4）：322–230.

Raymond L Sterling，Susan R Nelson. 1982. Planning for underground space：a case study for Minneapolis［R］. Minnesota.

Rienzo F，Oreste P，Pelizza S. 2009. 3D GIS Supporting Underground Urbanisation in the City of Turin（Italy）［J］. Geotechnical and Geological Engineering，27（4）：539–547.

Ronka K，Ritola J，Rauhala K. 1998. Underground space in land–use planning［J］. Tunnelling and Underground Space Technology，13（1）：39–49.

Zhao J，Lee K W. 1996. Construction and utilization of rock caverns in Singapore Part C：Planning and location selection［J］. Tunnelling and Underground Space Technology，11（1）：81–84.